普通高等教育教材

海军工程大学教材出版立项项目

大学化学学习指导

王 轩 主编

辛 颉 肖 玲 副主编

 化学工业出版社

·北京·

内容简介

《大学化学学习指导》是"大学化学"课程教材的配套学习指导书，尤其是《化学原理及应用》（第二版）（李瑜）的配套指导书，依据现行的"大学化学"教学大纲和培养计划的特点、需求编写而成，重点侧重舰船应用中的基础知识和应用相关化学知识，所以在大纲设置上与一般大学化学学习辅导书有所不同，全书分为舰船环境及防护、舰船水质使用及分析检测、舰船油料使用及监测与军用复合材料及化学武器四章。各章分别由知识要点回顾、典型案例分析、提高强化应用、提高强化应用参考答案等四部分模块化内容组成。书中测试题配套的相关解答有助于学生强化基本知识、巩固基本概念、提高应用能力。

本书可供高等院校化学、应用化学、能源化学、化学测量学与技术、资源化学、材料科学与工程等专业的本科或专科学生和教师参考，也可供相关专业科研工作者参考。

图书在版编目（CIP）数据

大学化学学习指导 / 王轩主编 ； 辛颉，肖玲副主编.
北京 ： 化学工业出版社，2025. 8. --（普通高等教育教材）. -- ISBN 978-7-122-48197-9

Ⅰ. O6

中国国家版本馆 CIP 数据核字第 2025SS8553 号

责任编辑：马泽林　杜进祥
文字编辑：孙璐璐　黄福芝
责任校对：边　涛
装帧设计：刘丽华

出版发行：化学工业出版社
　　　　　（北京市东城区青年湖南街 13 号　邮政编码 100011）
印　　装：北京科印技术咨询服务有限公司数码印刷分部
787mm×1092mm　1/16　印张 7¼　字数 166 千字
2025 年 10 月北京第 1 版第 1 次印刷

购书咨询：010-64518888
售后服务：010-64518899
网　　址：http://www.cip.com.cn
凡购买本书，如有缺损质量问题，本社销售中心负责调换。

定　　价：35.00 元

在当今这个科技日新月异的时代，化学是一门在分子、原子的层次上研究物质的性质、组成、结构及变化规律的基础学科，其重要性不言而喻。它不仅是材料科学、生命科学、环境科学等众多领域的基础，更是推动现代工业、农业、医药等产业发展的重要力量。因此，对于每一位踏入大学校园、选择化学作为自己专业方向的学子来说，掌握扎实的化学知识、培养科学的思维方式和实验技能，无疑是通往未来成功之路的关键。

然而，大学化学的学习并非一蹴而就。它要求学习者具备较高的抽象思维能力、逻辑推理能力和实验操作能力，同时还需要学习者能够灵活运用所学知识解决实际问题。面对这样的挑战，许多初学者往往会感到困惑和迷茫，甚至产生畏难情绪。为了帮助广大化学类专业的大学生更好地适应大学化学的学习节奏，掌握有效的学习方法，编者精心编写了这本《大学化学学习指导》。

本书旨在通过系统、全面、深入的方式，引导读者逐步掌握大学化学的核心知识和技能。在内容编排上，充分考虑了大学化学课程的逻辑结构和知识体系，重点侧重舰船应用中的基础知识和相关化学知识，将全书分为四章，每章都围绕一个具体的化学应用主题展开，包括知识要点回顾、典型案例分析、提高强化应用、提高强化应用参考答案等。这样的编排方式既便于读者系统地学习化学知识，又便于根据自己的学习进度和兴趣进行有针对性的选择和学习。

在编写过程中，特别注重以下几个方面：

一、基础知识的巩固和拓展。化学基础知识的学习至关重要。因此，在每个章节中都详细阐述了相关的基本概念和基本原理，并通过典型例题和思考题帮助读者加深理解和记忆。

二、实验技能的培养和提升。化学实验是化学学习的重要组成部分，也是培养学习者动手能力和创新思维的重要途径。通过这些实验案例的学习和实践，逐步掌握化学实验的基本技能和方法。

三、思维方式和解题技巧的训练。化学学习不仅要求掌握基本知识和技能，还要求具备科学的思维方式和解题技巧。因此，书中通过大量例题和解析，引导读者逐步掌握化学问题的解题方法和技巧，培养自己的逻辑思维能力和创新能力。同时，本书还提供了一些思维拓展题和综合性问题，供读者进行挑战和练习，以进一步提升自己的思维能力和解题水平。

由于题源不同，书中不同习题出现了实验平衡常数和标准平衡常数，请读者留意区分。

本书的编写人员（按姓氏拼音排序）：李红霞，李帅杰，李曦，李瑜，李宇，肖玲，王轩，辛颉。全书由王轩任主编，辛颉、肖玲任副主编。本书的出版得到了海军工程大学及部门领导的指导和大力支持，得到了机关及其他部门师生的支持与帮助，在此一并表示衷心的感谢！

由于时间有限，书中难免存在疏漏，希望广大读者能够积极反馈意见和建议，以便我们不断改进和完善本书的内容，提升本书质量。

编者

2024 年 11 月于海军工程大学

目录

参考文献

第1章

舰船环境及防护

1.1 舰船环境化学

1.1.1 物质结构基础

🔖 知识要点回顾

1）重要的基本概念

元素周期表、核外电子排布式、电负性；化学键；键长、键角、键能；σ 键和 π 键；分子的极性；杂化与杂化轨道；分子间力与氢键；晶体；分子轨道。

2）主要基本定律和应用

薛定谔方程；电子排布三原理；杂化理论；分子轨道理论；稀溶液的依数性。

3）基本要求

（1）熟练掌握

① 元素周期律与核外电子排布的关系及元素性质变化规律；

② 离子键、共价键、金属键、氢键与物质的结构和性质的关系；

③ 分子的空间构型与杂化轨道理论的关系；

④ 分子间力对物质性质的影响。

（2）正确理解

分子的极性和键的极性；原子结构和原子轨道；杂化轨道和电子排布三原理；σ 键、π 键的形成和特点。

（3）一般了解

波函数、量子数、薛定谔方程、分子轨道理论等内容。

1.1.2 舰船水环境

🔖 知识要点回顾

1）重要的基本概念

稀溶液依数性；渗透与反渗透；渗透压。

2）主要基本定律和应用

稀溶液依数性的表现和应用。

3）主要计算公式

（1）拉乌尔定律 $\Delta p = x_B p_A$；

（2）沸点的升高 $\Delta T_{bp} = k_{bp} m$；

（3）凝固点的降低 $\Delta T_{fp} = k_{fp} m$；

（4）范特霍夫方程 $\pi V = n_B RT$。

4）基本要求

（1）熟练掌握

① 蒸气压下降；

② 沸点上升；

③ 凝固点下降；

④ 渗透压。

（2）正确理解

稀溶液依数性的概念。

典型案例分析

【例1-1】$_{25}$Mn 的原子核外电子的分布式为 $1s^2 2s^2 2p^6 3s^2 3p^6 3d^5 4s^2$ 或[Ar]$3d^5 4s^2$。

【例1-2】$_{24}$Cr 的原子核外电子的分布式为 $1s^2 2s^2 2p^6 3s^2 3p^6 3d^5 4s^1$ 或[Ar]$3d^5 4s^1$，不是 [Ar] $3d^4 4s^2$。

【例1-3】$_{29}$Cu 的原子核外电子的分布式为 $1s^2 2s^2 2p^6 3s^2 3p^6 3d^{10} 4s^1$ 或[Ar]$3d^{10} 4s^1$，不是 [Ar]$3d^9 4s^2$。

提高强化应用

一、单项选择题

1. 下列金属单质可以被 HNO_3 氧化成最高价态的是（　　）。

    A．Hg   B．Ti   C．Pb   D．Bi

2. 黄色 HgO 低于 573K 加热时可以转化成红色 HgO，这是因为（　　）。

    A．加热改变了结构类型

    B．加热使晶体出现了缺陷

    C．结构相同，仅晶粒大小不同

    D．加热增强了 Hg^{2+} 对 O^{2-} 的极化作用

3. 氧化锌长时间加热将由白色变成黄色，这是由于加热过程（　　）。

    A．产生异构化   B．晶粒变小

    C．Zn^{2+} 对 O^{2-} 的极化作用增强   D．晶体出现了缺陷

4. ds 区某元素的两种硝酸盐溶液 A、B。向 A 中逐滴加入某卤素的钾盐，开始生成

橘红色化合物，钾盐过量，溶液变成无色。向 B 中逐滴加入同一钾盐，开始生成黄绿色沉淀，钾盐过量，生成无色溶液和黑色沉淀。则 A、B、钾盐、黑色沉淀依次是（　　）。

    A．$Hg_2(NO_3)_2$、$Hg(NO_3)_2$、KI、Hg

    B．$Hg(NO_3)_2$、$Hg_2(NO_3)_2$、KI、Hg

    C．$AuNO_3$、$Au(NO_3)_3$、KCl、Au

    D．$Cu(NO_3)_2$、$CuNO_3$、KBr、CuO

5．已知下列五组物质性质差异为：$Mg(OH)_2 > Cd(OH)_2$，$H_2SiF_6 > HF$，$H_2PbCl_6 > PbCl_4$，$AgF > CaF_2$，$Au^+ > Hg_2^{2+}$，它们依次表示的性质是（　　）。

    A．碱性，酸性，稳定性，溶解度，歧化能力

    B．碱性，酸性，水解度，溶解度，氧化性

    C．碱性，酸性，稳定性，溶解度，水解度

    D．碱性，酸性，稳定性，溶解度，配位能力（与 NH_3）

6．现有 ds 区某元素的硫酸盐 A 和另一元素氯化物 B 水溶液，各加入适量 KI 溶液，A 生成某元素的碘化物沉淀和 I_2，B 则生成碘化物沉淀，该碘化物沉淀进一步与 KI 溶液作用，生成配合物而溶解，则硫酸盐 A 和氯化物 B 分别是（　　）。

    A．$ZnSO_4$、Hg_2Cl_2 B．$CuSO_4$、$HgCl_2$

    C．$CdSO_4$、$HgCl_2$ D．Ag_2SO_4、Hg_2Cl_2

7．铜的氧化物和酸反应生成硫酸铜和铜，该氧化物和酸分别是（　　）。

    A．铜的黑色氧化物和亚硫酸

    B．铜的红色氧化物和过二硫酸

    C．铜的红色氧化物和稀硫酸

    D．铜的黑色氧化物和稀硫酸

8．把阳离子按 H_2S 系统分组时，属于同一组的是（　　）。

    A．Cu^{2+}，Ag^+ B．Au^{3+}，Cd^{2+}

    C．Cu^{2+}，Zn^{2+} D．Cu^{2+}，Cd^{2+}

9．因 Ag 中常含有少量的铜，在制备 $AgNO_3$ 时必须除去 Cu，可用的方法是（　　）。

    A．控制温度热分解含 $Cu(NO_3)_2$ 的 $AgNO_3$

    B．向 $AgNO_3$ 溶液中加入新制备的 Ag_2O

    C．电解 $AgNO_3$ 溶液

    D．以上选项均可

10．已知：$Ag^+ + e^- \rightleftharpoons Ag$，$\varphi^\ominus = 0.80V$，$K_{sp}(AgCl) = 2.8 \times 10^{-10}$。在 25℃ 时，$AgCl + e^- \rightleftharpoons Ag + Cl^-$ 的 $\varphi_1^\ominus$ 为（　　）。

    A．$\varphi_1^\ominus = \varphi^\ominus + 0.059\lg K_{sp}(AgCl)$ B．$\varphi_1^\ominus = \varphi^\ominus - 0.059\lg K_{sp}(AgCl)$

    C．$\varphi_1^\ominus = 0.059\lg K_{sp}(AgCl)$ D．$\varphi_1^\ominus = \dfrac{\lg K_{sp}(AgCl)}{0.059}$

11．已知：$K_{sp}(AgSCN) = 1.1 \times 10^{-12}$，$K_{sp}(AgI) = 1.5 \times 10^{-16}$，$K_{sp}(Ag_2CrO_4) = 1.0 \times 10^{-11}$。则上述难溶盐与其金属组成的电对的 $\varphi^\ominus$ 值大小顺序为（　　）。

A．$AgSCN > AgI > Ag_2CrO_4$　　　　B．$AgI > AgSCN > Ag_2CrO_4$

C．$Ag_2CrO_4 > AgSCN > AgI$　　　　D．$Ag_2CrO_4 > AgI > AgSCN$

12．精炼铜时，以粗铜作阳极，$CuSO_4$ 作电解液，电解进行到一定程度时，电解质溶液的 pH 值（　　　）。

  A．改变不大　　　　　　　　　　　B．明显增大

  C．明显减小　　　　　　　　　　　D．无法判断

13．向下述两平衡体系

  A　$2Cu^+(aq) \Longrightarrow Cu^{2+}(aq) + Cu(s)$　　　B　$Hg_2^{2+}(aq) \Longrightarrow Hg^{2+}(aq) + Hg$ 中分别加入过量 $NH_3 \cdot H_2O$，则平衡移动情况是（　　　）。

  A．A 向左，B 向右　　　　　　　　B．A、B 均向右

  C．A、B 均向左　　　　　　　　　D．A 向右，B 向左

14．已知：$Cd^{2+} + CN^- \Longrightarrow [Cd(CN)]^+$　　　　　　　$K_1 = 10^{5.48}$

     $[Cd(CN)]^+ + CN^- \Longrightarrow [Cd(CN)_2]$　　　$K_2 = 10^{5.12}$

     $[Cd(CN)_2] + CN^- \Longrightarrow [Cd(CN)_3]^-$　　$K_3 = 10^{4.63}$

     $Cd^{2+} + 4CN^- \Longrightarrow [Cd(CN)_4]^{2-}$　　$K_稳 = 10^{18.80}$

则 $[Cd(CN)_3]^- + CN^- \Longrightarrow [Cd(CN)_4]^{2-}$ 的 K_4 为（　　　）。

  A．$10^{3.57}$　　　　B．$10^{15.23}$　　　　C．$10^{13.32}$　　　　D．$10^{13.68}$

15．下列硫化物中，颜色为黄色的是（　　　）。

  A．ZnS　　　　B．CdS　　　　C．MnS　　　　D．Sb_2S_3

16．3d 电子的排布为 $t_{2g}^3 e_g^0$ 的八面体配合物是（　　　）。

  A．$[MnCl_6]^{4-}$　　　　　　　　　　B．$[Ti(H_2O)_6]^{3+}$

  C．$[Co(CN)_6]^{3-}$　　　　　　　　　D．$[CrF_6]^{3-}$

17．欲干燥 NH_3 气体，可选择的干燥剂是（　　　）。

  A．$CuSO_4$　　　　B．KOH　　　　C．$CaCl_2$　　　　D．P_2O_5

18．下列离子中不为蓝色的是（　　　）。

  A．$[Cu(H_2O)_4]^{2+}$　　　　　　　　B．$[Cu(NH_3)_4]^{2+}$

  C．$[Cu(OH)_4]^{2-}$　　　　　　　　D．$[CuCl_4]^{2-}$

19．下列化合物中，不溶于过量氨水的是（　　　）。

  A．$CuCl_2$　　　B．$ZnCl_2$　　　C．$CdCl_2$　　　D．$HgCl_2$

20．在氢氧化钠、盐酸、氨水溶液中都能溶解的是（　　　）。

  A．$Cd(OH)_2$　　B．HgO　　C．$Zn(OH)_2$　　D．Ag_2O

21．加入 KI 溶液不会生成沉淀的是（　　　）。

  A．Cu^{2+}　　　B．Ag^+　　　C．Zn^{2+}　　　D．Hg^{2+}

22．给盛有少量硝酸汞的试管长时间加热，最后试管中（　　　）。

  A．留有少量的白色硝酸汞　　　　B．留有少量的红色氧化汞

  C．留有银白色汞　　　　　　　　D．无剩余物

23．某溶液与 Cl^- 作用，生成白色沉淀，加氨水后变黑，则该溶液中可能存在的离子是（　　　）。

A. Pb^{2+} B. Ag^+ C. Hg^{2+} D. Hg_2^{2+}

24. 能共存于同一溶液中的一对离子是（   ）。

    A. Sn^{2+} 与 $S_2O_3^{2-}$ B. Sn^{4+} 与 $S_2O_3^{2-}$

    C. Sn^{2+} 与 Ag^+ D. Sn^{4+} 与 Ag^+

25. 波尔多液是由硫酸铜和石灰乳配成的农药乳液，它的有效成分是（   ）。

    A. 硫酸铜   B. 硫酸钙

    C. 氢氧化钙   D. 碱式硫酸铜

26. 下列物质在同浓度 $Na_2S_2O_3$ 溶液中溶解度（以 $1dm^3$ $Na_2S_2O_3$ 溶液中能溶解该物质的物质的量计）最大的是（   ）。

    A. Ag_2S B. $AgBr$

    C. $AgCl$ D. AgI

27. 当反应方程式 $Zn + HNO_3 \longrightarrow Zn(NO_3)_2 + NH_4NO_3 + H_2O$ 配平后，HNO_3 的计量数是（   ）。

    A. 4   B. 7   C. 10   D. 12

28. 下列化合物中 C 元素氧化数相同的是（   ）。

    A. CO、$CHCl_3$、$HCOOH$ B. CO_2、CH_4、CCl_4

    C. C_2H_6、C_2H_4、C_2H_2 D. CH_3OH、$HCHO$、$HCOOH$

29. HgO 加热，由黄色变为红色，这是由于在加热过程中（   ）。

    A. 产生了异构化作用

    B. 分散度发生了变化

    C. 加热增强了 Hg^{2+} 对 O^{2-} 的极化作用

    D. 加热使晶体出现了缺陷

30. 下列各对离子用 $4mol \cdot dm^{-3}$ NaOH 溶液可分离的是（   ）。

    A. Cu^{2+}，Ag B. Cr^{3+}，Zn^{2+}

    C. Cr^{3+}，Fe^{3+} D. Zn^{2+}，Al^{3+}

二、填空题

1. 用硝酸汞制备升汞的反应式是_____和_____。

2. 在 $Hg_2(NO_3)_2$ 和 $Hg(NO_3)_2$ 溶液中，分别加入过量 Na_2S 溶液，其反应方程式分别是_____和_____。

3. 照相时若曝光过度，则已显影、定影的黑白底片图像发暗，可对之进行"减薄"。把底片放入 $Na_2S_2O_3$ 和 $K_3Fe(CN)_6$ 溶液，取出、洗净。有关的离子方程式是_____。

4. $CuSO_4$ 是杀虫剂，和石灰混合使用的原因是_____。

5. Hg_2Cl_2 是利尿剂。有时服用含有 Hg_2Cl_2 的药剂后反而引起中毒，原因是_____。

6. 某矿坑水是矿坑中硫化铜与硫酸铁在细菌作用下，于潮湿多雨的夏季形成的重金属盐的酸性废水，相应的反应式是_____。

7. 按照软硬酸碱理论，$CuF_2 + 2CuI \rightleftharpoons CuI_2 + 2CuF$ 反应向_____方向进行，因为 Cu^+ 是_____，I^- 是_____。$F^- + HSO_3^- \rightleftharpoons SO_3^{2-} + HF$ 反应向_____方向进行，

因为 F^- 是_____，H^+ 是_____。反应的方向是根据_____原则确定的。

8．$AgNO_3$ 和偏磷酸、亚磷酸、次磷酸、磷酸钠、磷酸二氢钠的反应方程式分别为：_____，_____，_____，_____，_____。

9．在下列体系中：

(1) $Cu^{2+} + I^-$ (2) $Cu^{2+} + CN^-$

(3) $Cu^{2+} + NO_3^{2-}$ (4) $Hg_2^{2+} + I^-$（过量）

(5) $Hg_2^{2+} + NH_3 \cdot H_2O$（过量）   (6) $Cu_2O + H_2SO_4$（稀）

(7) $Hg^{2+} + Hg$ (8) $Hg_2Cl_2 + Cl^-$（过量）

(9) $Hg_2^{2+} + H_2S$ (10) $Hg_2^{2+} + OH^-$

能发生氧化还原反应的有_____；能发生歧化反应的有_____；能发生归中（反歧化）反应的有_____。

10．Ag_3PO_4、$AgPO_3$、$Ag_4P_2O_7$、$AgCl$ 均难溶于水，它们的颜色依次为_____，_____，_____，_____；能溶于 HNO_3 的有_____；能溶于氨水的有_____。

11．某含铜的配合物，测其磁矩为零，则铜的氧化态为_____；黄铜矿 $(CuFeS_2)$ 中铜的氧化态为_____。

12．CdS 和 ZnS 相比，在水中溶解度小的是_____；CuS、SnS_2 和 As_2S_3 中，酸性最强的是_____，酸性最弱的是_____；$\varphi^{\ominus}(Sb^{3+}/Sb)$ 和 $\varphi^{\ominus}(Sn^{2+}/Sn)$ 相比，$\varphi^{\ominus}$ 值高的是_____；Sn^{2+}、Hg_2^{2+} 中还原性强的是_____。

13．下列各配离子，其稳定性大小对比关系是（用<或>表示）：

(1) $\left[Cu(NH_3)_4\right]^{2+}$ _____ $[Cu(en)_3]^{2+}$

(2) $[Ag(S_2O_3)_2]^{3-}$ _____ $[Ag(NH_3)_2]^+$

(3) $[FeF_6]^{3-}$ _____ $[Fe(CN)_3]^{3-}$

(4) $[Co(NH_3)_6]^{3+}$ _____ $[Co(NH_3)_6]^{2+}$

14．普通照相感光胶片涂有一层含胶体粒子的明胶凝胶，曝光时发生化学反应，其反应式是_____，明胶的作用是_____。

15．当矿物胆矾 $CuSO_4 \cdot 5H_2O$ 溶于水渗入地下，遇到黄铁矿 (FeS_2) 后，铜将以辉铜矿 (Cu_2S) 的形式沉积下来，由此得到含铁和硫的化合物进入水溶液，该溶液无臭味、透明不浑浊、呈绿色、显酸性，在有的矿区常可见到这种有强腐蚀性的地下水渗出地面。上述反应可以用一个化学方程式表示，该反应方程式为_____。

16．立德粉是一种白色颜料，也叫作锌钡白，其组成为_____，是通过下列反应制得的_____。

17．氯化亚汞的化学式为_____，这是一种白色的不溶物，如果用 $NH_3 \cdot H_2O$ 来处理这种沉淀，则因生成_____和_____，而使沉淀变为_____色。

18．将 Cu 片放入 $NaCN$ 溶液中，当与空气隔绝时所发生的反应为_____，当与空气接触时，所发生的反应为_____。

19．汞蒸发到空气中是有毒的，为了检查室内汞的含量是否超过剂量，可将白色碘化亚铜试纸悬挂在室内，室温下若三小时内试纸变为_____色，表明室内汞的含量超过允许含量。相应的反应方程式为_____。

20．向 $[Cu(NH_3)_4]SO_4$ 溶液中逐滴加入稀硫酸直至过量，实验现象是_____，相关的反应方程式是_____和_____。

21．$GaCl_2$ 与氯化亚汞均为反磁性物质，为了与其磁性一致，最好将 $GaCl_2$ 写成_____，氯化亚汞写成_____。

22．为鉴别和分离含有 Ag^+、Cu^{2+}、Fe^{3+}、Pb^{2+} 和 Al^{3+} 的稀酸性溶液，进行了如下的实验，请回答：

（1）向试液中加盐酸（适量），生成_____色沉淀，其中含有_____和_____，分离出生成的沉淀（设沉淀反应是完全的）；

（2）向沉淀中加入热水时，部分沉淀溶解，未溶解的沉淀是_____，过滤后向热的滤液中加入_____使之生成黄色沉淀；

（3）向实验（1）所得的滤液中通入 H_2S，生成_____沉淀，Fe^{3+} 则被 H_2S 还原为 Fe^{2+}。过滤后用热浓 HNO_3 溶解沉淀，加入 NaOH 溶液时生成蓝色的_____沉淀，此沉淀溶于氨水，生成深蓝色的_____溶液。

（4）将实验（3）所得的滤液煮沸赶去 H_2S 之后，加入少量浓 HNO_3 煮沸以氧化_____。然后加入过量 NaOH 溶液，生成_____沉淀，_____留在滤液中。将沉淀溶于 HCl 中，加入_____溶液后得到深蓝色的_____沉淀。

23．在汞（Ⅱ）盐溶液中加入过量碘化钾溶液，用氢氧化钠将溶液调到强碱性后加入少量铵盐溶液，得到一红褐色沉淀，其化学方程式是_____。

24．向硫酸铜和氯化钠的混合浓溶液中通入二氧化硫气体，发生反应的化学方程式或离子方程式是_____。

25．氯化亚铜溶于氨水之后的溶液，在空气中放置，其发生变化的化学方程式或离子方程式是_____。

26．在硝酸亚汞溶液中加入过量碘化钾溶液，所发生反应的离子方程式和现象分别是_____、_____。

27．在氯化银溶于氨水的溶液中加入甲醛并加热，所发生反应的化学方程式或离子方程式是_____。

28．Cu^{2+} 和有限量 CN^- 反应的离子方程式是_____；Cu^{2+} 和过量 CN^- 作用的离子方程式是_____。

29．人体对某些元素的摄入量过多或过少均会引起疾病。试将代表下述病症的主要病因字母编号填入相应的横线上：

（1）甲状腺肿大_____；

（2）斑釉齿_____；

（3）软骨病_____；

（4）营养性贫血_____；

（5）骨痛病_____。

    A．镉中毒   B．缺钙   C．氟过多   D．缺铁   E．缺碘

30．在等浓度(mol·dm^{-3})等体积的 Na$_3$PO$_4$、Na$_2$HPO$_4$、NaH$_2$PO$_4$ 溶液中，分别加入同浓度、等量（为适量）的 AgNO$_3$ 溶液均生成沉淀，沉淀依次是_____、_____、_____。

三、问答题

1．常见可溶性 Hg（Ⅱ）盐有 HgCl$_2$、Hg(NO$_3$)$_2$，哪一种需在相应酸溶液中配制其溶液？为什么？

2．选用适当的试剂分别溶解下列各化合物：AgI，HgI$_2$，CuS，HgS。写出有关的方程式。

3．固体氯化亚铜、氯化亚汞均为反磁性物质，问该用 CuCl 还是 Cu$_2$Cl$_2$ 表示氯化亚铜的组成？用 HgCl 还是 Hg$_2$Cl$_2$ 表示氯化亚汞组成？简述原因。

4．定影过程是用 Na$_2$S$_2$O$_3$ 溶解胶片上的 AgX，即 AgX + 2Na$_2$S$_2$O$_3$ $\longrightarrow$ Na$_3$Ag(S$_2$O$_3$)$_2$ + NaX，AgCl 易溶，AgI 只能溶于较浓的 Na$_2$S$_2$O$_3$，AgBr 溶解情况居中。

（1）在用久了的定影液中定影，胶片会"发花"，为什么？

（2）报废了的定影液，可加适量 Na$_2$S 再生。写出加 Na$_2$S 时所发生的化学反应方程式。

（3）若 Na$_2$S 加得不够，只恢复了部分定影能力；加过量 Na$_2$S，则在定影时胶片发花。为什么？

5．将 NH$_3$ 和 AsH$_3$ 分别通入 AgNO$_3$ 溶液中时，产物是否相同？为什么？写出反应式。

6．试举出两种区别锌盐和镉盐的方法，写出有关反应方程式及现象。

7．为什么（1）不活泼的金属银能从 HI 溶液中置换出 H$_2$，（2）铜能从浓 HCl 中置换出 H$_2$？写出反应式。

8．不用任何试剂，将失掉标签的 10 瓶固体一一区别开来。

CuSO$_4$·5H$_2$O；NaOH；KMnO$_4$；NiCl$_2$·6H$_2$O；K$_2$CrO$_4$；

CoCl$_2$·6H$_2$O；AgNO$_3$；NaCl；HgI$_2$；CuO。

9．Au^{3+} + 3e$^-$ $=\!=\!=$ Au $\quad \varphi_1^{\ominus} = 1.50$V $\quad$ AuCl$_4^-$ + 3e$^-$ $=\!=\!=$ Au + 4Cl$^-$ $\quad \varphi_2^{\ominus} = 1.00$V

AuCl$_4^-$ 的累积稳定常数 $K_{稳} = \dfrac{[\text{AuCl}_4^-]}{[\text{Au}^{3+}][\text{Cl}^-]^4}$，假设反应温度为 25℃，$z$ 为电极反应得失的电子数，证明 $\lg K_{稳} = \dfrac{z(\varphi_1^{\ominus} - \varphi_2^{\ominus})}{0.059}$。

10．有 10 种金属：Ag、Au、Al、Cu、Fe、Hg、Na、Ni、Zn、Sn。根据下列性质和反应判断 a、b、c、…各代表何种金属。

（1）难溶于盐酸，但溶于热的浓硫酸中，反应产生气体的是 a、d；

（2）与稀硫酸或氢氧化物溶液作用产生氢气的是 b、e、j，其中离子化倾向最小的是 j；

（3）在常温下和水激烈反应的是 c；

（4）密度最小的是 c，最大的是 h；

（5）电阻最小的是 i，最大的是 d，f 和 g 在冷浓硝酸中呈钝态；

（6）熔点最低的是 d，最高的是 g；

（7）b^{n+} 易和氨生成配合物，而 e^{m+} 则不与氨生成配合物。

11．一种固体混合物可能含有 $AgNO_3$、CuS、$AlCl_3$、$KMnO_4$、K_2SO_4 和 $ZnCl_2$。将此混合物加水，并用少量盐酸酸化，过滤后，得白色沉淀 A 和无色溶液 B。白色沉淀 A 溶于氨水中。滤液 B 分成两份，一份中加入少量氢氧化钠溶液，有白色沉淀产生，再加入过量氢氧化钠溶液则白色沉淀溶解。另一份中加入少量氨水，也产生白色沉淀，当加入过量氨水时，白色沉淀溶解。根据上述现象，确定在混合物中，哪些肯定存在？哪些肯定不存在？哪些可能存在？说明理由，可用方程式表示。

12．用反应式表示下述事实：

（1）铜器皿在潮湿空气中生成铜绿（铜锈）；

（2）银器皿在空气中变黑；

（3）氯化汞的饱和溶液和汞研磨变成白色糊状；

（4）印刷电路的烂版过程；

（5）氯化锌用作焊药。

13．一蓝色化合物 A 用火灼烧，有气体 B 放出，剩下黑色固体 C，出气口有水凝结，通入石灰水后能使石灰水浑浊，继续通入石灰水又变清，C 溶于酸得一蓝色溶液，加入氨水有沉淀 D 产生，继续加氨水，沉淀又消失，得一深蓝色溶液 E。问 A、B、C、D、E 各为何物。

14．氨基脲与氨基硫脲都可与 ds 区的二价金属阳离子形成配合物，对于同一种金属，比较两种配离子的稳定常数大小，并解释原因。

$$氨基脲\quad H_2NNHCNH_2 \overset{O}{\|} \qquad 氨基硫脲\quad H_2NNHCNH_2 \overset{S}{\|}$$

15．请根据 Cu、Hg 的 $\Delta_f G_m^\ominus$ - 氧化态图（图 1-1）

（或 $Cu^{2+} \xrightarrow{0.152eV} Cu^+ \xrightarrow{0.521eV} Cu$，$Hg^{2+} \xrightarrow{0.920eV} Hg_2^{2+} \xrightarrow{0.789eV} Hg$），

讨论 Cu（Ⅱ）、Cu（Ⅰ）、Hg（Ⅱ）及 Hg_2^{2+} 在水溶液体系中的相对稳定性。在什么情况下可使 Cu^{2+} 转化为 Cu^+？什么情况下可使 Hg_2^{2+} 转化为 Hg^{2+}？试举例说明并写出有关反应方程式。

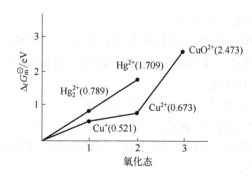

图 1-1　$\Delta_f G_m^\ominus$ -氧化态图

16．Hg_2Cl_2、$CuCl$ 和 $AgCl$ 均是白色固体，请用一种试剂将它们鉴别。

17．现有 Cu^{2+}、Ag^+、Zn^{2+} 和 Hg^{2+} 四种离子的混合溶液，如何分离并鉴别？

18．试用五种试剂，把含有 $BaCO_3$、$AgCl$、SnS_2、$PbSO_4$ 和 CuS 五种固体的混合物——溶解分离，每一种试剂只可溶解一种固体物质，请指明溶解次序。

19．以硝酸铜和硼砂做硼砂珠试验时，在氧化焰中硼砂珠为绿色，在还原焰中为无色或红色，试以反应方程式说明生成何物。

20．对比以下各组配合物的稳定性大小，说明理由。

（1）AlF_6^{3-} 与 FeF_6^{3-}

（2）$Ag(CN)_2^-$ 与 $Ag(NH_3)_2^+$

21．如何制备下列物质，写出有关的反应方程式。

（1）由汞制备甘汞（其他原料自选）；

（2）由铋制备铋酸钠（其他原料自选）。

22．已知：$\varphi^{\ominus}[Co(H_2O)_6^{3+}/Co(H_2O)_6^{2+}]=1.84V$

$\varphi^{\ominus}[Co(NH_3)_6^{3+}/Co(NH_3)_6^{2+}]=0.10V$

$\varphi^{\ominus}[Co(CN)_6^{3-}/Co(CN)_6^{4-}]=-0.81V$

试从晶体场稳定化能的观点说明 Co^{II} 的各配离子的还原性存在如此大差别的原因。

23．解释现象：CuF 为红色而 $CuBr$ 为无色，相反 CuF_2 为无色而 $CuBr_2$ 为棕黑色。

24．用化学方程式表示利用化学法从矿石中提取金的过程和从闪锌矿制备锌的过程。

25．将化合物 A 溶于水后加入 $NaOH$ 溶液有黄色沉淀 B 生成。B 不溶于氨水和过量的 $NaOH$ 溶液，B 溶于 HCl 溶液得无色溶液，向该溶液中滴加少量 $SnCl_2$ 溶液有白色沉淀 C 生成。向 A 的水溶液中滴加 KI 溶液得红色沉淀 D，D 可溶于过量 KI 溶液得无色溶液。向 A 的水溶液中加入 $AgNO_3$ 溶液有白色沉淀 E 生成，E 不溶于 HNO_3 溶液但可溶于氨水。请给出 A、B、C、D、E 的化学式。

26．向硫酸四氨合铜的水溶液通入 SO_2 至溶液呈微酸性，生成白色沉淀 A。元素分析表明 A 含 Cu、N、S、O、H 五种元素，且摩尔比 $n(Cu):n(N):n(S)=1:1:1$，光谱分析显示在 A 的晶体中有一种呈三角锥结构的负离子和一种呈四面体结构的正离子，磁性实验指出呈抗磁性。

（1）写出 A 的化学式；

（2）写出生成反应的配平的方程式；

（3）将 A 与足量的 $10mol \cdot dm^{-3}$ 的 H_2SO_4 混合并微热，生成棕红色沉淀 B、有刺激性气味的气体 C 和蓝色溶液 D，B 为常见物，但本法制得的 B 呈超细粉末状，有很重要的用途，请注明 B、C、D 为何物；

（4）按（3）操作，A 的最大理论转化率为多少？

27．现有七瓶白色粉末状固体药物，它们是氯化钡、氯化铝、氢氧化钠、硫酸钠、硫酸铵、无水硫酸铜、碳酸钠，请在除水和上述七种药品外不用其他试剂，用化学实验的方法，将它们逐一鉴别出来。

28．用金属银与浓硝酸、稀硝酸分别作用，制取等量的硝酸银，哪一种酸耗量多？若原料银中含有杂质铜，则产品中含有什么杂质？如果要制得纯净的硝酸银，如何除去其中的杂质？

29．将等物质的量的 Cu、Fe 和 Zn 粉投入一定量的 $FeCl_3$ 溶液里充分反应后：

（1）若取出部分溶液，加入一滴 KSCN 溶液，呈血红色，则溶液中存在的离子有哪些？

（2）若溶液呈蓝色，加入 KSCN 溶液不呈血红色，则溶液中存在的离子有哪些？可能存在的金属粉末物质是什么？

（3）若加入铁粉的质量反应前后没有改变，那么溶液中存在的离子有哪些？各离子物质的量的比是多少？

（4）若加入的金属里 Zn 粉还有剩余，则溶液中存在的离子有哪些？

四、计算题

1．已知：$Hg_2^{2+} \rightleftharpoons Hg^{2+} + Hg$ 的 K 为 $1/166$，$K_{sp}(Hg_2I_2) = 5.3 \times 10^{-29}$，$K_{稳}(HgI_4^{2-}) = 1.0 \times 10^{30}$。向 $Hg_2^{2+} - Hg^{2+}$ 平衡体系中滴加 KI 溶液至过量，将有什么反应发生？用反应的平衡常数说明。

2．已知 $K_{稳}[Zn(EDTA)^{2-}] = 3.9 \times 10^{16}$，$K_{sp}(ZnS) = 2.0 \times 10^{-24}$

问：（1）由 $Na_2[Zn(EDTA)]$ 组成的溶液，其中 $[Zn(EDTA)]^{2-}$ 浓度为 $0.010 mol \cdot dm^{-3}$，若向该溶液中加 S^{2-} 能否生成沉淀？

（2）如果维持溶液中 $[EDTA^{4-}] = 0.10 mol \cdot dm^{-3}$，$[S^{2-}] = 0.10 mol \cdot dm^{-3}$，此时 $[Zn(EDTA)]^{2-}$ 的浓度是多少？

3．已知：

$$2Hg^{2+} + 2e^- == Hg_2^{2+} \qquad \varphi^{\ominus} = 0.905V$$

$$Hg_2Cl_2 + 2e^- == 2Hg + 2Cl^- \qquad \varphi^{\ominus} = 0.2829V$$

$$K_{sp}(Hg_2Cl_2) = 4.0 \times 10^{-18}$$

$$Hg(CN)_4^{2-} + 2e^- == Hg + 4CN^- \qquad \varphi^{\ominus} = -0.370V$$

求：（1）25℃时，$K_{稳}[Hg(CN)_4^{2-}]$；

（2）25℃时，$Hg^{2+} + Hg == Hg_2^{2+}$ 的平衡常数 K；

（3）$Hg(CN)_4^{2-}$ 的空间构型。

4．已知：$CuS \xrightarrow{-0.5V} Cu_2S \xrightarrow{-0.896V} Cu$

$K_{sp}(CuS) = 7.94 \times 10^{-36}$，$\varphi^{\ominus}(Cu^+/Cu) = 0.52V$

求：（1）$K_{sp}(Cu_2S)$；（2）$\varphi^{\ominus}(Cu^{2+}/Cu)$。

5．试用计算说明，通 H_2S 气体到 $Cu(CN)_4^{3-}$ 溶液中，能否得到 Cu_2S 沉淀。

已知：$K_{a1}K_{a2}(H_2S) = 9.2 \times 10^{-22}$，$K_{sp}(Cu_2S) = 2.5 \times 10^{-50}$，$K_a(HCN) = 6.2 \times 10^{-10}$，

$\qquad K_{稳} = 3.0 \times 10^{30}$

6．用计算说明 CuS 可以溶于 KCN 溶液中。

已知：$K_{sp}(CuS) = 6.0 \times 10^{-36}$，$K_{sp}(Cu_2S) = 2.5 \times 10^{-50}$，$K_{稳}[Cu(CN)_4^{3-}] = 2.0 \times 10^{30}$

$\qquad \varphi^{\ominus}(Cu^{2+}/Cu^+) = 0.16V$，$\varphi^{\ominus}[(CN)_2/CN^-] = -0.17V$

7．请利用以下数据说明 CuS 不溶于 HCl 溶液而可以溶于 HNO_3 溶液。

$K_{sp}(CuS) = 6.0 \times 10^{-36}$

$K_{a1}K_{a2}(H_2S) = 1.3 \times 10^{-7} \times 7.1 \times 10^{-15} = 9.2 \times 10^{-22}$

$\varphi^{\ominus}(S/H_2S) = 0.14V$，$\varphi^{\ominus}(NO_3^-/NO) = 0.96V$

8．试用计算说明向 $Cd(CN)_4^{2-}$ 溶液中通 H_2S 能否得到 CdS 沉淀。

$$K_{稳}[Cd(CN)_4^{2-}] = 8 \times 10^{18}$$

$$K_{sp}(CdS) = 8 \times 10^{-27}$$

$$K_{a1}K_{a2}(H_2S) = 9.2 \times 10^{-22}$$

$$K_a(HCN) = 6.2 \times 10^{-10}$$

9．将溶于液态 HF 的 KrF_2 和金反应可以得到一种化合物 A，将 A 缓慢加热到 60℃ 可得到一橙红色的金的氟化物 B，经化学分析，A 和 B 的化学成分分别为

A：Kr 20.29%，Au 47.58%，F 32.13%；

B：Au 67.47%，F 32.53%。

（1）试确定化合物 A 和 B 的最简式以及这两种化合物中金的氧化态（Kr 在 A 中为 +2 价）；

（2）分别写出由 KrF_2 与 Au 反应制取化合物 A，以及由 A 热分解获得化合物 B 的反应方程式。原子量：Kr 83.8，Au 197.0，F 19.0。

10．已知 $\varphi^{\ominus}(Hg^{2+}/Hg) = 0.857V$，$\varphi^{\ominus}(Hg_2^{2+}/Hg) = 0.793V$，计算 Hg_2^{2+} 歧化反应的平衡常数。如何促进 Hg_2^{2+} 的歧化？各举一例以反应方程式说明。

🔑 提高强化应用参考答案

一、单项选择题

1．A　2．C　3．D　4．B　5．A　6．B　7．C　8．D　9．D　10．A　11．C　12．A　13．B　14．A　15．B　16．D　17．B　18．D　19．D　20．C　21．C　22．D　23．D　24．D　25．D　26．C　27．C　28．A　29．C　30．C

二、填空题

1．$Hg(NO_3)_2 + 2NaOH \xlongequal{\quad} HgO\downarrow + 2NaNO_3 + H_2O$　$HgO + 2HCl \xlongequal{\quad} HgCl_2 + H_2O$

2．$Hg_2(NO_3)_2 + 2Na_2S$（过量）$\xlongequal{\quad} Na_2(HgS_2) + Hg\downarrow + 2NaNO_3$

　　$Hg(NO_3)_2 + 2Na_2S$（过量）$\xlongequal{\quad} Na_2(HgS_2) + 2NaNO_3$

3．$Fe(CN)_6^{3-} + Ag + 2S_2O_3^{2-} \xlongequal{\quad} Fe(CN)_6^{4-} + [Ag(S_2O_3)_2]^{3-}$

4．$CuSO_4$ 是强酸弱碱盐，水溶液显酸性，和石灰混用，可减弱酸性

5．Hg_2Cl_2 见光分解为有毒物 Hg 和 $HgCl_2$：$Hg_2Cl_2 \xrightarrow{h\nu} Hg + HgCl_2$

6．$CuS + 4Fe_2(SO_4)_3 + 4H_2O \xrightarrow{细菌} CuSO_4 + 8FeSO_4 + 4H_2SO_4$

7．左　软酸　软碱　右　硬碱　硬酸　硬亲硬，软亲软

8．$AgNO_3 + HPO_3 \xlongequal{\quad} AgPO_3\downarrow + HNO_3$

　　$2AgNO_3 + H_3PO_3 + H_2O \xlongequal{\quad} 2Ag\downarrow + H_3PO_4 + 2HNO_3$

　　$4AgNO_3 + H_3PO_2 + 2H_2O \xlongequal{\quad} 4Ag\downarrow + H_3PO_4 + 4HNO_3$

　　$3AgNO_3 + Na_3PO_4 \xlongequal{\quad} 3NaNO_3 + Ag_3PO_4\downarrow$

　　$3AgNO_3 + 3NaH_2PO_4 \xlongequal{\quad} Ag_3PO_4\downarrow + 2H_3PO_4 + 3NaNO_3$

9．（1）～（10）　　（4）（5）（6）（8）（9）　　（7）

10．黄色　白色　白色　白色　Ag_3PO_4，$AgPO_3$，$Ag_4P_2O_7$　Ag_3PO_4，$AgCl$，$AgPO_3$，$Ag_4P_2O_7$

11．+1　　+1

12．CdS　As_2S_3　CuS　$\varphi^{\ominus}(Sb^{3+}/Sb)$　Sn^{2+}

13．（1）<　（2）>　（3）<　（4）>

14．$AgBr \xrightarrow{hv} Ag + \frac{1}{2}Br_2$　吸收 Br_2

15．$14CuSO_4 + 5FeS_2 + 12H_2O =\!=\!= 7Cu_2S + 5FeSO_4 + 12H_2SO_4$

16．$BaSO_4 \cdot ZnS$　$ZnSO_4 + BaS =\!=\!= BaSO_4 + ZnS$

17．Hg_2Cl_2　$HgNH_2Cl$　Hg　灰黑

18．$Cu + 2CN^- + H_2O =\!=\!= Cu(CN)_2^- + \frac{1}{2}H_2\uparrow + OH^-$

　　$4Cu + 8CN^- + O_2 + 2H_2O =\!=\!= 4Cu(CN)_2^- + 4OH^-$

19．红　$4CuI + Hg =\!=\!= Cu_2HgI_4 + 2Cu$

20．先有蓝色沉淀生成，H_2SO_4 过量则沉淀溶解得蓝色溶液

　　$2[Cu(NH_3)_4]SO_4 + 3H_2SO_4 + 2H_2O =\!=\!= Cu(OH)_2 \cdot CuSO_4\downarrow + 4(NH_4)_2SO_4$

　　$Cu(OH)_2 \cdot CuSO_4 + H_2SO_4 =\!=\!= 2CuSO_4 + 2H_2O$

21．$Ga^{I}Ga^{III}Cl_4$　Hg_2Cl_2

22．（1）白　$AgCl$　$PbCl_2$　（2）$AgCl$　K_2CrO_4 或 KI　（3）CuS　$Cu(OH)_2$　$[Cu(NH_3)_4]^{2+}$　（4）Fe^{2+}　$Fe(OH)_3$　$[Al(OH)_4]^-$　$K_4[Fe(CN)_6]$　$KFe[Fe(CN)_6]$

23．$2[HgI_4]^{2-} + 4OH^- + NH_4^+ =\!=\!= [Hg\underset{O}{\overset{NH_2}{\diagup\diagdown}}Hg]I\downarrow + 7I^- + 3H_2O$

24．$2CuSO_4 + 2NaCl + SO_2 + 2H_2O =\!=\!= 2CuCl\downarrow + Na_2SO_4 + 2H_2SO_4$

25．$4[Cu(NH_3)_2]^+ + O_2 + 8NH_3 + 2H_2O =\!=\!= 4[Cu(NH_3)_4]^{2+} + 4OH^-$

26．$Hg_2^{2+} + 4I^- =\!=\!= [HgI_4]^{2-} + Hg$ （灰色）$\downarrow$

27．$2[Ag(NH_3)_2]^+ + HCHO + H_2O =\!=\!= 2Ag\downarrow + HCOO^- + 3NH_4^+ + NH_3\uparrow$

28．$2Cu^{2+} + 4CN^- \longrightarrow 2CuCN\downarrow + (CN)_2$　　$2Cu^{2+} + 6CN^- \longrightarrow 2[Cu(CN)_2]^- + (CN)_2$

29．（1）E　（2）C　（3）B　（4）D　（5）A

30．Ag_3PO_4　Ag_3PO_4　Ag_3PO_4

三、问答题

1．因 $Hg(NO_3)_2$ 发生水解，所以要在 HNO_3 溶液中配制其溶液。$HgCl_2$ 在溶液中主要以 $HgCl_2$ 分子存在，水解倾向极弱，可在水中配制其溶液。

2．用 KCN 溶 AgI　　　$AgI + 2CN^- =\!=\!= [Ag(CN)_2]^- + I^-$

用 KI 溶 HgI_2　　　$HgI_2 + 2I^- =\!= [HgI_4]^{2-}$

用 HNO_3 溶 CuS　　$3CuS + 8HNO_3 =\!=\!= 3Cu(NO_3)_2 + 3S\downarrow + 2NO\uparrow + 4H_2O$

用王水溶 HgS　　　$3HgS + 2HNO_3 + 12HCl =\!=\!= 3H_2HgCl_4 + 3S\downarrow + 2NO\uparrow + 4H_2O$

3．用 $CuCl$ 表示，Cu^+ 为 $3d^{10}$ 结构，和反磁性相吻合。

用 Hg_2Cl_2 表示，$Hg(I)$ 为 $6s^1$，两个 $Hg(I)$ 均以 $6s^1$ 成 σ 键，构型为 Cl-Hg-Hg-Cl。

4．（1）定影液用久了，溶液中 $[Ag(S_2O_3)_2]^{3-}$ 浓度增大，难溶解 AgI 甚至 AgBr。

（2）$2Na_3Ag(S_2O_3)_2 + Na_2S =\!=\!= Ag_2S + 4Na_2S_2O_3$

（3）Na_2S 少，只使部分 $[Ag(S_2O_3)_2]^{3-}$ 转化为 $S_2O_3^{2-}$，所以定影能力有限。Na_2S 过量，则在定影时，将和胶片上的 AgX 生成 Ag_2S。反应式：$2AgX + Na_2S =\!=\!= Ag_2S\downarrow +2NaX$。

5．不相同，NH_3 通入 $AgNO_3$ 溶液中生成 $[Ag(NH_3)_2]^+$，AsH_3 通入 $AgNO_3$ 中有 Ag 析出，因为 NH_3 的配位性比 AsH_3 强，而 AsH_3 的还原性又比 NH_3 的强，前者是配位反应，后者是氧化还原反应。反应式如下：

$$AgNO_3 + 2NH_3 =\!=\!= [Ag(NH_3)_2]^+ + NO_3^-$$

$$8AgNO_3 + AsH_3 + 4H_2O =\!=\!= 8Ag\downarrow + H_3AsO_4 + 8HNO_3$$

6．（1）利用 $Zn(OH)_2$ 和 $Cd(OH)_2$ 碱性的不同，在 Zn^{2+} 和 Cd^{2+} 溶液中，分别加过量 NaOH，白色沉淀溶解者为 Zn^{2+}，不溶解者为 Cd^{2+}。

$$Zn^{2+} + 4OH^- =\!=\!= [Zn(OH)_4]^{2-} \text{无色}$$

$$Cd^{2+} + 2OH^- =\!=\!= Cd(OH)_2\downarrow \text{白色}$$

（2）利用硫化物颜色的不同，分别通入 H_2S，有白色沉淀析出者为 Zn^{2+}，有黄色沉淀析出者为 Cd^{2+}。

$$Zn^{2+} + H_2S =\!=\!= ZnS\downarrow \text{（白色）} +2H^+$$

$$Cd^{2+} + H_2S =\!=\!= CdS\downarrow \text{（黄色）} +2H^+$$

7．（1）$2Ag + 2HI =\!=\!= 2AgI + H_2$

因为生成了难溶的 AgI，降低了 Ag^+ 的浓度。

（2）$2Cu + 6HCl =\!=\!= 2H_2[CuCl_3] + H_2$

因为生成了较稳定的氯配离子 $[CuCl_3]^{2-}$。

8．$CuSO_4 \cdot 5H_2O$ 　　　蓝色晶体；

NaOH　　　有吸湿性的白色不透明固体；

$KMnO_4$　　　黑紫色晶体；

$NiCl_2 \cdot 6H_2O$　　　绿色晶体；

K_2CrO_4　　　黄色固体；

$CoCl_2 \cdot 6H_2O$　　　粉红色晶体；

$AgNO_3$　　　无色晶体，放在空气中受光照后微变黑；

NaCl　　　无色（其他识别出，剩下的为 NaCl）；

HgI_2　　　朱红色粉末；

CuO　　　黑色粉末。

9．根据 Nernst 方程，25℃时：

$$\varphi(Au^{3+}/Au) = \varphi^\ominus(Au^{3+}/Au) + \frac{0.059}{3}\lg[Au^{3+}]$$

当向体系中加入适量Cl^-，使生成$AuCl_4^-$配离子，这时电极电对变成$AuCl_4^-/Au$，则：

$$\varphi(AuCl_4^-/Au) = \varphi(Au^{3+}/Au) = \varphi^{\ominus}(Au^{3+}/Au) + \frac{0.059}{3}\lg\frac{[AuCl_4^-]}{K_{稳}[Cl^-]^4}$$

当$[AuCl_4^-]=[Cl^-]$均为$1.0\,mol\cdot dm^{-3}$时，此时的$\varphi(AuCl_4^-/Au)$即是$\varphi^{\ominus}(AuCl_4^-/Au)$

所以$\varphi^{\ominus}(AuCl_4^-/Au) = \varphi^{\ominus}(Au^{3+}/Au) + \frac{0.059}{3}\lg\frac{1}{K_{稳}}$

所以$\lg\frac{1}{K_{稳}} = \frac{3[\varphi^{\ominus}(AuCl_4^-/Au) - \varphi^{\ominus}(Au^{3+}/Au)]}{0.059}$

推广得：$\lg K_{稳} = \dfrac{z(\varphi_1^{\ominus} - \varphi_2^{\ominus})}{0.059}$

10．a：Cu　b：Zn　c：Na　d：Hg　e：Al　f：Ni　g：Fe　h：Au　i：Ag　j：Sn

11．肯定存在的有：$AgNO_3$，$ZnCl_2$

肯定不存在的有：CuS，$AlCl_3$，$KMnO_4$

可能存在的有：K_2SO_4

向混合物中加水，酸化，过滤后得到白色沉淀和无色溶液，证明混合物中没有CuS、$KMnO_4$。

白色沉淀溶于氨水，为AgCl，说明肯定有$AgNO_3$存在。

滤液加NaOH生成白色沉淀、加过量NaOH沉淀又溶解，说明溶液中有两性离子（Zn^{2+}，Al^{3+}）。

滤液先加$NH_3\cdot H_2O$生成白色沉淀，加过量$NH_3\cdot H_2O$沉淀消失生成了配合物，证明有$ZnCl_2$没有$AlCl_3$。

无法确证K_2SO_4存在与否，只能说可能存在。

12．（1）$2Cu + O_2 + H_2O + CO_2 =\!=\!= Cu(OH)_2\cdot CuCO_3$

（2）$4Ag + O_2 + 2H_2S =\!=\!= 2Ag_2S + 2H_2O$

（3）$HgCl_2 + Hg =\!=\!= Hg_2Cl_2$

（4）$2FeCl_3 + Cu =\!=\!= CuCl_2 + 2FeCl_2$

（5）$ZnCl_2 + H_2O =\!=\!= H[ZnCl_2(OH)]$

$\quad\quad FeO + 2H[ZnCl_2(OH)] =\!=\!= Fe\left[ZnCl_2(OH)\right]_2 + H_2O$

13．A：$Cu(OH)_2\cdot CuCO_3$　B：$H_2O(g)$；CO_2　C：CuO　D：$Cu_2(OH)_2CO_3$　E：$Cu(NH_3)_4$

14．对于一种ds区的二价金属阳离子，其与氨基硫脲形成配离子的稳定性大于与氨基脲形成的配离子，即前者的稳定常数大，这是由于ds区金属的+2价离子属于软酸（除Cu^{2+}、Zn^{2+}外），易与属于软碱的含硫化合物形成稳定的配合物。

15．由$\Delta_f G_m^{\ominus}$-氧化态图可见，Cu^{2+}、Hg_2^{2+}处于热力学各点，是热力学稳定态，而Cu^+处于峰点在水溶液中歧化。

$2Cu^+(aq) =\!=\!= Cu^{2+}(aq) + Cu(s)$

Hg与Hg^{2+}在水溶液中逆歧化，Hg_2^{2+}较稳定：

$$Hg^{2+}(aq) + Hg(l) \Longrightarrow Hg_2^{2+}(aq)$$

要实现 $Cu^{2+} \longrightarrow Cu^+$ 的转化即使平衡移动。

（1）生成难溶 Cu(I) 的化合物，例如 CuI

$$2Cu^{2+} + 5I^- \Longrightarrow 2CuI\downarrow + I_3^-$$

（2）生成更稳定配合物，例如 $[Cu(CN)_3]^{2-}$

$$2Cu^{2+} + 8CN^- \Longrightarrow 2[Cu(CN)_3]^{2-} + (CN)_2\uparrow$$

要实现 $Hg_2^{2+} \longrightarrow Hg^{2+}$ 转化，可以通过加入沉淀剂或配位剂生成 Hg(II) 的化合物。

（1）$Hg_2^{2+} + H_2S \Longrightarrow Hg_2S\downarrow + 2H^+$
$\qquad\qquad\qquad\quad \llcorner HgS\downarrow + Hg\downarrow$

[因为 $K_{sp}(HgS) < K_{sp}(Hg_2S)$]

（2）$Hg_2Cl_2 + 4I^- \Longrightarrow [HgI_4]^{2-} + Hg\downarrow + 2Cl^-$

（3）$Hg_2Cl_2 + 2NH_3 \cdot H_2O \Longrightarrow Hg(NH_2)Cl\downarrow + Hg\downarrow + NH_4Cl + 2H_2O$

16．用氨水。

$$Hg_2Cl_2 + 2NH_3 \cdot H_2O \longrightarrow Hg(NH_2)Cl\downarrow + Hg\downarrow （灰黑色） + NH_4Cl + 2H_2O$$

$$CuCl + NH_3 \cdot H_2O \longrightarrow [Cu(NH_3)_2]^+ \underset{放置}{\overset{O_2}{\longrightarrow}} [Cu(NH_3)_4]^{2+}$$
（无色）（深蓝色）

$$AgCl + 2NH_3 \cdot H_2O \longrightarrow [Ag(NH_3)_2]^+ （无色溶液） + Cl^- + 2H_2O$$

17.

Ag^+、Cu^{2+}、Zn^{2+}、Hg^{2+}

$\downarrow HCl$

AgCl↓（白） $\quad\quad\quad\quad$ Cu^{2+}，Zn^{2+}，Hg^{2+}

$\downarrow NH_3 \cdot H_2O$ $\quad\quad\quad\quad\quad\quad \downarrow$ 0.3mol·dm^{-3}[H$^+$]

$[Ag(NH_3)_2]^+$ $\quad\quad\quad\quad\quad\quad \downarrow$ H$_2$S

$\downarrow HNO_3$

AgCl↓（白） $\quad\quad$ Zn^{2+} $\quad$ CuS↓（黑）HgS↓（黑）

$\quad\quad\quad\quad\quad\quad \downarrow NH_3 \cdot H_2O$ $\quad\quad|$ HNO$_3$

$\quad\quad\quad\quad$ ZnS↓（白） $\quad$ Cu^{2+}（蓝） HgS

$$Cu^{2+} \xrightarrow{\text{过量}NH_3 \cdot H_2O} [Cu(NH_3)_4]^{2+} \xrightarrow[{[Fe(CN)_6]^{4-}}]{HAc} Cu_2[Fe(CN)_6]\downarrow$$
（红褐色）

$$HgS \xrightarrow{\text{王水}} [HgCl_4]^{2-} \xrightarrow[{SnCl_2}]{\text{加热除去}HNO_3} Hg_2Cl_2\downarrow （白）或 Hg\downarrow （黑）$$

18．（1）用 $NH_3 \cdot H_2O$ 将 AgCl 溶解；

（2）用浓 NH_4Ac 将 $PbSO_4$ 溶解；

（3）用 HAc 或稀 HCl 将 $BaCO_3$ 溶解；

（4）用 $(NH_4)_2S$ 或 Na_2S 将 SnS_2 溶解；

（5）用 HNO_3 将 CuS 溶解。

注：（1）、（2）、（3）顺序可变；（4）不能在（1）、（2）之前，否则转化为 Ag_2S、PbS；（5）不能在（4）前，但（4）、（5）顺序可变。

19．$Cu(NO_3)_2 + Na_2B_4O_7 \overset{\triangle}{=\!=\!=} 2NaBO_2 + Cu(BO_2)_2 + 2NO_2 + \dfrac{1}{2}O_2$ 绿色

$$2Cu(BO_2)_2 + C \overset{\triangle}{=\!=\!=} 2CuBO_2 + CO + B_2O_3 \quad 无色$$

$$2CuBO_2 + C \overset{\triangle}{=\!=\!=} 2Cu + B_2O_3 + CO \quad 无色$$

20．（1）$AlF_6^{3-}>FeF_6^{3-}$

① Al^{3+} 为硬酸，Fe^{3+} 亦为硬酸，但其硬度比 Al^{3+} 差 $[r(Al^{3+})=53pm, r(Fe^{3+})=63pm]$，因此 AlF_6^{3-} 较稳定。

② 由 VB 法，AlF_6^{3-} 用 $3s3p^33d^2$ 成键，能量比 FeF_6^{3-} 用 $4s4p^34d^2$ 成键低些，故 AlF_6^{3-} 稳定性大。

（2）$Ag(CN)_2^->Ag(NH_3)_2^+$

Ag^+ 为 $4d^{10}$ 构型，在 Ag—CN 键中除有中心原子以 sp 轨道接受孤对电子成键外，还有反馈的 $d-\pi^*\pi$ 键。而 Ag—NH_3 中没有反馈的 $d-\pi^*\pi$ 键。

21．（1）$6Hg（过量）+8HNO_3 =\!=\!= 3Hg_2(NO_3)_2 + 2NO + 4H_2O$

$\qquad Hg_2(NO_3)_2 + 2KCl =\!=\!= Hg_2Cl_2 + 2KNO_3$

（2）$Bi + 6HNO_3 =\!=\!= Bi(NO_3)_3 + 3NO_2 + 3H_2O$

$\qquad Bi(NO_3)_3 + 6NaOH + Cl_2 =\!=\!= NaBiO_3 + 2NaCl + 3NaNO_3 + 3H_2O$

22．假定由 Co^{II} 氧化到 Co^{III} 分两步进行，

$$Co^{II}(d,^7 t_{2g}^5 e_g^2) \xrightarrow{(I)} Co^{II}(d,^7 t_{2g}^6 e_g^1) \xrightarrow{(II)} Co^{III}(d,^7 t_{2g}^6 e_g^0)$$

第（Ⅰ）步，由高自旋到低自旋，晶体场稳定化能（CFSE）增加 $10Dq$，成对能增加 $1P$，对于强场配位体，$10Dq>1P$，因而强场配位体将有利于该步发生。

第（Ⅱ）步，消耗电离能，得到 $6Dq$ 的 CFSE，配体场越强，Dq 值越大，越有利于过程的进行。

光谱化学序 H_2O、$Co(CN)_6^{4-}$ 极不稳定，极易被氧化，H_2O 最弱，最不利于上述（Ⅰ）、（Ⅱ）步过程，NH_3 次之，因而 $Co(NH_3)_6^{2+}$ 的还原性弱于 $Co(CN)_6^{4-}$，但强于 $Co(H_2O)_6^{2+}$。

23．在 Cu^I 的化合物中，Cu^I 的极化力弱而变形性较强，半径小的 F^- 引起的极化作用强于半径大的 Br^-，从而 CuF 正负离子间的极化作用较强，使 Cu^+ 变形而呈现出颜色，CuBr 极化作用较弱为无色。

而在 Cu^{II} 化合物中，Cu^{II} 的极化作用较强，正离子的极化力作用成了主要因素。因此半径大、变形大的 Br^- 使 $CuBr_2$ 成了棕黑色，而半径小、变形性小的 F^- 使 CuF_2 成为无色。

24．$4Au（矿）+8CN^- + O_2 + 2H_2O =\!=\!= 4Au(CN)_2^- + 4OH^-$

$2Au(CN)_2^- + Zn =\!=\!= 2Au + Zn(CN)_4^{2-}$

或以 O_3 作氧化剂，以 HCl 作配位剂也可实现化学法提 Au $[2Au + 3O_3 + 8HCl =\!=\!= 2HAuCl_4 + 3O_2 + 3H_2O]$。

$$2ZnS + 3O_2 \xrightarrow{\text{焙烧}} 2ZnO(s) + 2SO_2(g)$$

$$ZnO + C \xrightarrow{100℃以上} Zn(g) + CO(g)$$

25．A：$HgCl_2$　　B：HgO　　C：Hg_2Cl_2　　D：HgI_2　　E：$AgCl$

26．（1）NH_4CuSO_3

（2）$2[Cu(NH_3)_4]SO_4 + 3SO_2 + 4H_2O =\!=\!= 2NH_4CuSO_3 + 3(NH_4)_2SO_4$

（3）$2NH_4CuSO_3 + 2H_2SO_4 =\!=\!= Cu + 2SO_2 + CuSO_4 + (NH_4)_2SO_4 + 2H_2O$

故 B 为 Cu，C 为 SO_2，D 为 $CuSO_4$。

（4）A 与 H_2SO_4 混合发生复分解反应生成 SO_2 气体，同时 Cu^+ 在酸性条件下歧化为 Cu^{2+} 和 Cu，故产率最大为 50%。

27．先分别取出少量七种试剂于七支试管中，分别溶于水，溶液呈蓝色者为无水硫酸铜。取少量未鉴别出的六种溶液于试管中分别滴加 $CuSO_4$ 溶液，有白色沉淀生成者为 $BaCl_2$；有蓝色沉淀生成者为 NaOH 和 Na_2CO_3；其余三种无明显现象。取少量有蓝色沉淀生成的原溶液，分别加入 $BaCl_2$ 溶液，有白色沉淀生成者为 Na_2CO_3，无明显现象者为 NaOH。取少量未鉴别出的三种溶液，分别滴加 NaOH 溶液，有气体逸出、呈氨气味者为 $(NH_4)_2SO_4$；滴加过程中生成白色沉淀，继续滴加 NaOH 则沉淀溶解者为 $AlCl_3$；无明显现象者为 Na_2SO_4。

28．根据反应方程式：

$$Ag + 2HNO_3（浓）=== AgNO_3 + NO_2 \uparrow + H_2O$$

$$3Ag + 4HNO_3（稀）=== 3AgNO_3 + NO \uparrow + 2H_2O$$

可见，要得到等量的 $AgNO_3$，需消耗的浓硝酸要多于稀硝酸。

若原料中含杂质 Cu，则由于 Cu 也可与浓、稀 HNO_3 作用生成 $Cu(NO_3)_2$，因此产品中含 $Cu(NO_3)_2$ 杂质。

根据 $AgNO_3$ 的热分解温度大大高于 $Cu(NO_3)_2$ 的热分解温度，可加热产品并控制一定温度，使 $Cu(NO_3)_2$ 分解为难溶于水的 CuO，滤去 CuO，然后使 $AgNO_3$ 重新结晶，可得纯净的 $AgNO_3$。

29．（1）Cu^{2+}，Fe^{2+}，Fe^{3+}，Zn^{2+}，Cl^-

（2）Cu^{2+}，Fe^{2+}，Zn^{2+}，Cl^-；Cu

（3）Fe^{2+}，Zn^{2+}，Cl^-；$1:2:6$

（4）Zn^{2+}，Cl^-

四、计算题

1．因为 $Hg_2^{2+} \rightleftharpoons Hg^{2+} + Hg$ 　　$K_1 = \dfrac{1}{166}$，

所以 $\dfrac{[Hg^{2+}]}{[Hg_2^{2+}]} = \dfrac{1}{166}$ 　　溶液中以 $[Hg_2^{2+}]$ 为主。

滴入 KI 溶液 $Hg_2^{2+} + 2I^- === Hg_2I_2 \downarrow$ 　　$K_2 = 1/K_{sp} = 1.9 \times 10^{28}$，

反应倾向大，所以有 Hg_2I_2 沉淀产生（黄绿色）。

随着 KI 加入，将发生以下反应：

$$Hg^{2+} + 4I^- === HgI_4^{2-}$$

$$Hg_2I_2 + 2I^- === HgI_4^{2-} + Hg$$

$$K = K_{稳}(HgI_4^{2-}) \times K_{sp}(Hg_2I_2) \times K_1 = 1.0 \times 10^{30} \times 5.3 \times 10^{-29} \times \dfrac{1}{166} = 0.32$$

当 $[I^-]$ 增大时，$[HgI_4^{2-}]$ 明显增大。

所以黄绿色 Hg_2I_2 溶解，生成无色 HgI_4^{2-} 配合物及灰黑色 Hg。

2.（1）$Zn^{2+} + EDTA^{4-} \rightleftharpoons Zn(EDTA)^{2-}$

$$K_{稳} = \frac{[Zn(EDTA)^{2-}]}{[Zn^{2+}][EDTA^{4-}]}$$

由已知条件断定 $[Zn^{2+}] = [EDTA^{4-}]$

所以 $[Zn^{2+}] = [EDTA^{4-}] = \frac{(1.0 \times 10^{-2})^{1/2}}{(K_{稳})^{1/2}} = \frac{(1.0 \times 10^{-2})^{1/2}}{(3.9 \times 10^{16})^{1/2}} = 5.1 \times 10^{-10}(mol \cdot dm^{-3})$

若生成ZnS沉淀，$[S^{2-}] = \frac{2.0 \times 10^{-24}}{5.1 \times 10^{-10}} = 3.9 \times 10^{-15}(mol \cdot dm^{-3})$

只要 $[S^{2-}] > 3.9 \times 10^{-15} \, mol \cdot dm^{-3}$，就可以生成ZnS沉淀，这样小的浓度极易达到，所以有沉淀。

（2）$[Zn^{2+}] = \frac{K_{sp}(ZnS)}{[S^{2-}]} = \frac{2.0 \times 10^{-24}}{0.10} = 2.0 \times 10^{-23}(mol \cdot dm^{-3})$

$[Zn(EDTA)^{2-}] = K_{稳}[Zn^{2+}][EDTA^{4-}]$

$= 3.9 \times 10^{16} \times 2.0 \times 10^{-23} \times 0.10$

$= 7.8 \times 10^{-8}(mol \cdot dm^{-3})$

3.（1）$\varphi^{\ominus}(Hg_2Cl_2 / Hg) = \varphi^{\ominus}(Hg_2^{2+} / Hg) + \frac{0.059}{2}lgK_{sp}(Hg_2Cl_2)$

所以 $\varphi^{\ominus}(Hg_2^{2+} / Hg) = \varphi^{\ominus}(Hg_2Cl_2 / Hg) - \frac{0.059}{2} \times lg(4.0 \times 10^{-18})$

$= 0.2829 - \frac{0.059}{2} \times (-17.40) = 0.796(V)$

所以 $\varphi^{\ominus}(Hg^{2+} / Hg) = \frac{\varphi^{\ominus}(Hg^{2+} / Hg_2^{2+}) + \varphi^{\ominus}(Hg_2^{2+} / Hg)}{2} = 0.851(V)$

$lgK_{稳} = \frac{z\{\varphi^{\ominus}(Hg^{2+} / Hg) - \varphi^{\ominus}[Hg(CN)_4^{2-} / Hg]\}}{0.059} = \frac{2 \times (0.851 + 0.370)}{0.059} = 41.4$

$K_{稳} = 2 \times 10^{41}$

（2）$K = \frac{[Hg_2^{2+}]}{[Hg^{2+}]}$ \quad $Hg^{2+} + Hg \rightleftharpoons Hg_2^{2+}$ \quad $E^{\ominus} = 0.108V$

$lgK = \frac{zE^{\ominus}}{0.059} = \frac{1 \times 0.108}{0.059} = 1.83$ \quad $K = 67.6$

（3）四面体形。

4.（1）$\varphi^{\ominus}(Cu_2S / Cu) = \varphi^{\ominus}(Cu^+ / Cu) + \frac{0.059}{2}lgK_{sp}(Cu_2S)$

$lgK_{sp}(Cu_2S) = \frac{z[\varphi^{\ominus}(Cu_2S / Cu) - \varphi^{\ominus}(Cu^+ / Cu)]}{0.059} = \frac{2 \times (-0.896 - 0.52)}{0.059} = -48$

所以 $lgK_{sp}(Cu_2S) = 1 \times 10^{-48}$

（2）$\varphi^{\ominus}(CuS/Cu_2S) = \varphi^{\ominus}(Cu^{2+}/Cu^+) + 0.0591\lg\dfrac{K_{sp}(CuS)}{K_{sp}(Cu_2S)^{1/2}}$

所以 $\varphi^{\ominus}(Cu^{2+}/Cu^+) = \varphi^{\ominus}(CuS/Cu_2S) - 0.0591\lg\dfrac{K_{sp}(CuS)}{K_{sp}(Cu_2S)^{1/2}}$

$$= -0.50 - 0.059\times\lg\dfrac{7.94\times10^{-36}}{(1\times10^{-48})^{1/2}}$$

$$= -0.50 - 0.059\times\lg(7.94\times10^{-12})$$

$$= -0.50 + 0.65 = 0.15(V)$$

5. $2Cu(CN)_4^{3-} + H_2S \Longrightarrow Cu_2S\downarrow + 2HCN + 6CN^-$

$$K = \dfrac{K_{a1}K_{a2}(H_2S)}{K_a(HCN)^2 K_{稳}^2 K_{sp}}$$

$$= \left(\dfrac{1}{6.2\times10^{-10}}\right)^2\times\left(\dfrac{1}{3.0\times10^{30}}\right)^2\times\dfrac{9.2\times10^{-22}}{1}\times\dfrac{1}{2.5\times10^{-50}} = 1.1\times10^{-14}$$

因为平衡常数很小，可认为不会生成沉淀。

6. $2CuS(s) + 10CN^-(aq) \Longrightarrow 2[Cu(CN)_4]^{3-}(aq) + (CN)_2(g) + 2S^{2-}(aq)$

由以下反应构成：

$2CuS + 2CN^- = Cu_2S + (CN)_2 + S^{2-}$ $\qquad K_1$

$Cu_2S + 8CN^- = 2Cu(CN)_4^{3-} + S^{2-}$ $\qquad K_2$

① 求 K_1

$\varphi_{(+)}^{\ominus}: 2CuS + 2e^- = Cu_2S + S^{2-}$ $\qquad \varphi^{\ominus}(CuS/Cu_2S) = ?$

$\varphi_{(-)}^{\ominus}: 2CN^- - 2e^- = (CN)_2\uparrow$ $\qquad \varphi^{\ominus}[(CN)_2/CN^-] = 0.17V$

$\varphi^{\ominus}(CuS/Cu_2S) = \varphi(Cu^{2+}/Cu^+) = \varphi^{\ominus}(Cu^{2+}/Cu^+) + \dfrac{0.059}{2}\lg\dfrac{[Cu^{2+}]}{[Cu^+]}$

$$= 0.16 + \dfrac{0.059}{2}\lg\dfrac{[K_{sp}(CuS)]^2}{K_{sp}(Cu_2S)} = 0.16 + \dfrac{0.059}{2}\times\lg\dfrac{(6.0\times10^{-36})^2}{2.5\times10^{-50}}$$

$$= 0.16 - 0.61 = -0.45(V)$$

$\lg K_1 = \dfrac{2\times[-0.45 - (-0.17)]}{0.059}$

$K_1 = 3.2\times10^{-10}$

② 求 K_2

$K_2 = K_{sp}(Cu_2S)\times\{K_{稳}[Cu(CN)_4^{3-}]\}^2 = 2.5\times10^{-50}\times(2.0\times10^{30})^2 = 1.0\times10^{11}$

所以 $K = K_1 K_2 = 3.2\times10^{-10}\times1.0\times10^{11} = 32$

所以 CuS 可溶于 KCN 溶液中。

7. $CuS + 2H^+ \Longrightarrow Cu^{2+} + H_2S$ $\qquad K$

$$K = \dfrac{[Cu^{2+}][H_2S]}{[H^+]^2}\times\dfrac{[S^{2-}]}{[S^{2-}]} = \dfrac{K_{sp}}{K_{a1}K_{a2}} = 6.0\times10^{-36}\times\dfrac{1}{9.2\times10^{-22}} = 6.5\times10^{-15}$$

平衡常数小于 10^{-7}，表明 CuS 不溶于 HCl 溶液中。

$$3CuS + 2NO_3^- + 8H^+ \Longrightarrow 3S + 3Cu^{2+} + 2NO + 4H_2O \qquad K$$

$$3CuS + 6H^+ \Longrightarrow 3Cu^{2+} + 3H_2S \qquad K_1 = (6.5 \times 10^{-15})^3$$

$$3H_2S + 2NO_3^- + 2H^+ \Longrightarrow 3S + 2NO + 4H_2O \qquad K_2$$

$$E^{\ominus} = \varphi_+^{\ominus} - \varphi_-^{\ominus} = 0.96 - 0.14 = 0.82(V) \qquad z = 6$$

$$\lg K_2 = \frac{6 \times 0.82}{0.059} = 83$$

$$K_2 = 1 \times 10^{83}$$

所以反应 $K = K_1 K_2 = (6.5 \times 10^{-15})^3 \times 1 \times 10^{83} = 3 \times 10^{40}$

可见反应倾向很大，CuS 可溶于 HNO_3 溶液中。

8. $Cd(CN)_4^{2-}(aq) + H_2S(aq) \Longrightarrow CdS(s) + 2HCN(aq) + 2CN^-(aq)$

$$K = \frac{K_{a1}K_{a2}(H_2S)}{K_{稳}[Cd(CN)_4^{2-}]K_{sp}(CdS)K_a(HCN)^2}$$

$$= 9.2 \times 10^{-22} \times \frac{1}{8 \times 10^{18}} \times \frac{1}{8 \times 10^{-27}} \times \left(\frac{1}{6.2 \times 10^{-10}}\right)^2$$

$$= 4 \times 10^4$$

因为平衡常数很大，所以向 $Cd(CN)_4^{2-}$ 溶液中通 H_2S，会有 CdS 沉淀生成。

9.（1）A: $n_{Kr}:n_{Au}:n_F = \dfrac{20.29}{83.8}:\dfrac{47.58}{197.0}:\dfrac{32.13}{19.0} = 1:1:7$

所以 A 为 $KrAuF_7$，Au 氧化态为+5。

B: $n_{Au}:n_F = \dfrac{67.47}{197.0}:\dfrac{32.53}{19.0} = 1:5$

所以 B 为 AuF_5，Au 的氧化态为+5。

（2）$7KrF_2 + 2Au \Longrightarrow 2KrAuF_7 + 5Kr$

$$KrAuF_7 \overset{\triangle}{=\!=\!=} AuF_5 + Kr + F_2$$

10. Hg_2^{2+} 的歧化反应为：$Hg_2^{2+} \Longrightarrow Hg^{2+} + Hg$

$$\varphi^{\ominus}(Hg^{2+}/Hg_2^{2+}) = 2\varphi^{\ominus}(Hg^{2+}/Hg) - \varphi^{\ominus}(Hg_2^{2+}/Hg)$$

$$= 2 \times 0.857 - 0.793 = 0.921(V)$$

$$\lg K^{\ominus} = \frac{zE^{\ominus}}{0.059} = \frac{z[\varphi^{\ominus}(Hg_2^{2+}/Hg) - \varphi^{\ominus}(Hg^{2+}/Hg_2^{2+})]}{0.059}$$

$$= \frac{1 \times (0.793 - 0.921)}{0.059} = -2.17$$

$$K^{\ominus} = 6.8 \times 10^{-3}$$

使 Hg^{2+} 生成难溶的沉淀物或稳定性高的配合物，可促进 Hg_2^{2+} 歧化，例如：

$$Hg_2^{2+} + H_2S \Longrightarrow HgS + Hg + 2H^+$$

$$Hg_2^{2+} + 4I^- \Longrightarrow HgI_4^{2-} + Hg$$

1.2 舰装防护选择及方法

1.2.1 舰装防护原理

知识要点回顾

1）重要的基本概念

电池的标准电动势与氧化还原反应的热力学函数 $\Delta_r G_m^{\ominus}$ 的关系；电极与电极反应；氧化还原池与电池反应；原电池的结构、反应式及工作原理；电动势、电极电势与标准电极电势的含义、判断及计算；能斯特（Nernst）方程的影响因素、计算应用。

2）主要基本定律和应用

吉布斯自由能和电池电动势的关系；能斯特方程。

3）主要计算公式

（1）原电池的热力学

$$\Delta_r G_m^{\ominus} = -nFE^{\ominus}$$

（2）电动势

$$E^{\ominus} = E_{(+)} - E_{(-)} \ \text{或} \ E^{\ominus} = E_{(+)}^{\ominus} - E_{(-)}^{\ominus}$$

（3）标准电动势与标准平衡常数的关系

$$\lg K^{\ominus} = nE^{\ominus} / 0.05917$$

（4）能斯特方程

对电池反应 $a\,\mathrm{Ox_1} + b\mathrm{Red_1} \rightleftharpoons d\mathrm{Red_2} + e\mathrm{Ox_2}$

$$E = E^{\ominus} - \frac{RT}{nF} \ln \frac{b^d(\mathrm{Red_2})b^e(\mathrm{Ox_2})}{b^a(\mathrm{Ox_1})b^b(\mathrm{Red_1})}$$

4）基本要求

（1）熟练掌握

① 原电池的组成及图示表示，电极反应，电池反应；

② 利用标准电极电势和能斯特方程计算电极电势和电池电动势；

③ 原电池的电动势 E 与电池反应 $\Delta_r G_m$ 的关系及计算；

④ 原电池的标准电势 $E^{\ominus}$ 与标准平衡常数 $K^{\ominus}$ 的关系及计算；

⑤ 电动势与电极电势在化学上的应用：氧化剂、还原剂相对强弱的比较；氧化还原反应方向的判断；氧化还原反应进行程度的衡量。

（2）正确理解

化学能与电能之间的转化；原电池的概念与特点，电极极性（正、负；阴、阳）的判断；双电层结构理论。

（3）一般了解

常见化学电源的种类及其工作原理、电池的军事应用等内容。

1.2.2 舾装防护方法

知识要点回顾

1）重要的基本概念

析氢腐蚀和吸氧腐蚀；浓差电池；金属腐蚀的原理；金属腐蚀的类型；金属腐蚀的危害；防止金属腐蚀的措施。

2）基本要求

（1）熟练掌握

① 浓度对电极电势的影响。在 T=298.15K 时，

$$E = E^{\ominus} - \frac{0.05917}{n} \lg \frac{[b(\text{C})/b^{\ominus}]^c [b(\text{D})/b^{\ominus}]^d}{[b(\text{A})/b^{\ominus}]^a [b(\text{B})/b^{\ominus}]^b}$$

② 金属腐蚀的原理；

③ 金属腐蚀防护的措施；

④ 电动势及电极电势的应用；

⑤ 能斯特方程的计算。

（2）正确理解

腐蚀电池的产生条件；金属腐蚀机理与防护方式；能斯特方程；腐蚀防护方式的选择基础。

（3）一般了解

应力腐蚀、高温腐蚀、腐蚀微电池、舰船常用防腐涂料等内容。

典型案例分析

【例 1-4】计算在 298.15K 时，由银片浸入含有 0.1mol·kg^{-1} 硝酸银溶液中组成的 Ag$^+$/Ag 电极的电极电势。若在硝酸银溶液中加入固体 NaCl，使得溶液中 Cl$^-$ 浓度为 0.1mol·kg^{-1}，求此时 Ag 电极的电极电势。[已知：$E^{\ominus}$(Ag$^+$/Ag)=0.8V，$K_{sp}^{\ominus}$(AgCl)=1.77×10^{-10}]

解：

电极反应方程式为

$$\text{Ag}^+(\text{aq}) + \text{e}^- \rightleftharpoons \text{Ag(s)}$$

298.15K 时能斯特方程式为

$$E(\text{Ag}^+/\text{Ag}) = E^{\ominus}(\text{Ag}^+/\text{Ag}) - 0.05917 \lg \frac{1}{b(\text{Ag}^+)/b^{\ominus}}$$

将 $E^{\ominus}$(Ag$^+$/Ag)=0.8V 和 b(Ag$^+$)=0.1mol·kg^{-1} 代入可得：

$$E(\text{Ag}^+/\text{Ag})=0.8-0.05917\times\lg\frac{1}{0.1/1}\approx0.74(\text{V})$$

在硝酸银溶液中，加入 NaCl 后，因形成 AgCl 沉淀，Ag^+ 浓度降低。根据沉淀溶解平衡可得：

$$\frac{b(\text{Ag}^+)}{b^{\ominus}}=\frac{K_{sp}^{\ominus}}{b(\text{Cl}^-)/b^{\ominus}}=\frac{1.77\times10^{-10}}{0.1/1}=1.77\times10^{-9}$$

$$E(\text{Ag}^+/\text{Ag})=0.8-0.05917\times\lg\frac{1}{1.77\times10^{-9}}\approx0.28(\text{V})$$

答：银电极的电极电势为 0.74V；加入 NaCl 后电极电势为 0.28V。

【例 1-5】在 298.15K 时，将铂片插入含有 $\text{Cr}_2\text{O}_7^{2-}$ 和 Cr^{3+} 的溶液中，即构成一个电极，设电极反应中除 H^+ 外，其余的离子浓度均为 $1\text{mol}\cdot\text{kg}^{-1}$。若该电极反应在 pH=3.0 的溶液中进行，求此电极的电极电势。

解：

电极反应为

$$\text{Cr}_2\text{O}_7^{2-}(\text{aq})+14\text{H}^+(\text{aq})+6\text{e}^-\Longrightarrow2\text{Cr}^{3+}(\text{aq})+7\text{H}_2\text{O}(\text{l})$$

对应的能斯特方程式为

$$E(\text{Cr}_2\text{O}_7^{2-}/\text{Cr}^{3+})=E^{\ominus}(\text{Cr}_2\text{O}_7^{2-}/\text{Cr}^{3+})-\frac{0.05917}{6}\lg\frac{[b(\text{Cr}^{3+})/b^{\ominus}]^2}{[b(\text{Cr}_2\text{O}_7^{2-})/b^{\ominus}][b(\text{H}^+)/b^{\ominus}]^{14}}$$

查表可知：$E^{\ominus}(\text{Cr}_2\text{O}_7^{2-}/\text{Cr}^{3+})=1.232\text{V}$

依题意，$b(\text{Cr}_2\text{O}_7^{2-})=b(\text{Cr}^{3+})=1\text{mol}\cdot\text{kg}^{-1}$，$b(\text{H}^+)=10^{-3}\text{mol}\cdot\text{kg}^{-1}$，所以 $E(\text{Cr}_2\text{O}_7^{2-}/\text{Cr}^{3+})=$

$$1.232-\frac{0.05917}{6}\times\lg\frac{1^2}{1\times(10^{-3}/1)^{14}}=0.82(\text{V})$$

答：该电极的电极电势为 0.82V。

【例 1-6】判断下列两电极所组成的原电池正、负极，并计算电池在 298.15K 时的电动势：

（1）$\text{Pt}|\text{O}_2(21\text{kPa})|\text{OH}^-(10^{-7}\text{mol}\cdot\text{kg}^{-1})$；

（2）$\text{Pt}|\text{O}_2(0.01\text{kPa})|\text{OH}^-(10^{-7}\text{mol}\cdot\text{kg}^{-1})$。

[已知：$E^{\ominus}(\text{O}_2/\text{OH}^-)=0.401\text{V}$]

解：

氧电极的电极反应为

$$\text{O}_2(\text{g})+2\text{H}_2\text{O}(\text{l})+4\text{e}^-\Longrightarrow4\text{OH}^-$$

根据能斯特方程式，可分别计算两电极的电极电势：

$$E_1(\text{O}_2/\text{OH}^-)=E^{\ominus}(\text{O}_2/\text{OH}^-)-\frac{0.05917}{4}\lg\frac{[b(\text{OH}^-)/b^{\ominus}]^4}{p(\text{O}_2)/p^{\ominus}}$$

$$=0.401-\frac{0.05917}{4}\times\lg\frac{(10^{-7}/1)^4}{21/100}$$

$$=0.81(\text{V})$$

$$E_2(O_2 / OH^-) = E^{\ominus}(O_2 / OH^-) - \frac{0.05917}{4}\lg\frac{[b(OH^-)/b^{\ominus}]^4}{p(O_2)/p^{\ominus}}$$

$$= 0.401 - \frac{0.05917}{4} \times \lg\frac{(10^{-7}/1)^4}{0.01/100}$$

$$= 0.76(V)$$

因为 $E_1(O_2/OH^-)>E_2(O_2/OH^-)$，电极 1 为正极，电极 2 为负极。电池符号为

$$(-)Pt|O_2(0.01kPa)|OH^-(10^{-7}mol\cdot kg^{-1}) \| OH^-(10^{-7}mol\cdot kg^{-1})|O_2(21kPa)|Pt(+)$$

其电动势 $E=E_+-E_-=0.81-0.76=0.05(V)$

答：氧气分压大的为正极、分压小的为负极；原电池电动势为 0.05V。

【例 1-7】根据标准电极电势，确定金属 Fe、Co、Ni、Cr、Mn、Zn、Pb 在水溶液中的活动性顺序。

解：

查标准电极电势表可知：

$E^{\ominus}$ (Fe^{2+}/Fe)=−0.440V $E^{\ominus}$ (Co^{2+}/Co)= −0.28V $E^{\ominus}$ (Ni^{2+}/Ni)=−0.257V

$E^{\ominus}$ (Pb^{2+}/Pb)= −0.126V $E^{\ominus}$ (Cr^{3+}/Cr)=−0.740V $E^{\ominus}$ (Zn^{2+}/Zn)=−0.7626V

$E^{\ominus}$ (Mn^{2+}/Mn)=−1.180V

由以上数据可知，金属的还原性顺序（即金属活动性顺序）为 Mn＞Zn＞Cr＞Fe＞Co＞Ni＞Pb。

【例 1-8】在 298.15K 时，若溶液的 pH=4，除 H$^+$外，其他参与反应的离子的浓度为 $1mol\cdot kg^{-1}$，通过计算判断反应

$$Cr_2O_7^{2-}(aq)+ 14H^+(aq)+6Br^-(aq)=\!=\!=2Cr^{3+}(aq)+3Br_2(aq)+7H_2O(l)$$

能否自发进行。

解：

查表可知：$E^{\ominus}(Cr_2O_7^{2-} / Cr^{3+})=1.232V$，$E^{\ominus}(Br_2 / Br^-)=1.066V$，假设反应正向进行，则 $Cr_2O_7^{2-} / Cr^{3+}$ 为正极，Br_2/Br^-为负极。

根据电对 $Cr_2O_7^{2-} / Cr^{3+}$ 的能斯特方程可求出该电对的电极电势：

$$E(Cr_2O_7^{2-} / Cr^{3+}) = E^{\ominus}(Cr_2O_7^{2-} / Cr^{3+}) - \frac{0.05917}{6}\lg\frac{[b(Cr^{3+})/b^{\ominus}]^2}{[b(Cr_2O_7^{2-})/b^{\ominus}][b(H^+)/b^{\ominus}]^{14}}$$

$$= 1.232 - \frac{0.05917}{6} \times \lg\frac{1^2}{1\times(10^{-4}/1)^{14}} = 0.68(V)$$

而 $E(Br_2/Br^-)= E^{\ominus}(Br_2/Br^-)=1.066V$，故由反应组成的原电池的电动势为：

$$E=E(Cr_2O_7^{2-} / Cr^{3+})-E(Br_2/Br^-)=0.68-1.066=-0.386(V)<0$$

答：反应不能自发进行（逆方向可以自发进行）。

【例 1-9】 判断反应

$$MnO_2(s)+ 4HCl \rightleftharpoons MnCl_2(aq)+ Cl_2(g)+ 2H_2O(l)$$

在标准状态下能否自发进行，并说明为什么实验室中可用浓盐酸和二氧化锰反应来制备氯气。

解：

查标准电极电位表可知：

$$E^{\ominus}(MnO_2/Mn^{2+})=1.224V, \quad E^{\ominus}(Cl_2/Cl^-)=1.358V$$

比较可知，在标准状态下，反应不能自发进行（逆向可自发进行）。

若用浓盐酸，$b(H^+)=b(Cl^-) \approx 15.7 mol \cdot kg^{-1}$，假设 $p(Cl_2)=100kPa$ 和 $b(Mn^{2+})=1mol \cdot kg^{-1}$。

根据电对 MnO_2/Mn^{2+} 的能斯特方程可求出电对的电极电势：

$$E(MnO_2/Mn^{2+})= E^{\ominus}(MnO_2/Mn^{2+}) - \frac{0.05917}{2} \lg \frac{b(Mn^{2+})/b^{\ominus}}{[b(H^+)/b^{\ominus}]^4} = 1.36(V)$$

根据电对 Cl_2/Cl^- 的能斯特方程可求出电对的电极电势：

$$E(Cl_2/Cl^-)= E^{\ominus}(Cl_2/Cl^-) - \frac{0.05917}{2} \lg \frac{[b(Cl^-)/b^{\ominus}]^2}{p(Cl_2)/p^{\ominus}} = 1.29(V)$$

答：由于 $E(MnO_2/Mn^{2+}) > E(Cl_2/Cl^-)$，表明反应可以自发进行，即可用浓盐酸和 MnO_2 反应来制备 Cl_2。

【例 1-10】 计算反应

$$Zn^{2+}(aq)+ Cu(s) \rightleftharpoons Zn(s)+ Cu^{2+}(aq)$$

在 298.15K 时的标准平衡常数。

解：

将此反应组成原电池，查标准电极电势表可知：

$$E^{\ominus}(Zn^{2+}/Zn)=-0.762V, \quad E^{\ominus}(Cu^{2+}/Cu)=0.3419V$$

故电池的标准电动势为

$$E^{\ominus} = E^{\ominus}(Cu^{2+}/Cu)- E^{\ominus}(Zn^{2+}/Zn)=0.3419-(-0.762) \approx 1.1(V)$$

$$\lg K^{\ominus} = zE^{\ominus}/0.05917=2.2/0.05917=37.18, \quad K^{\ominus} = 1.5 \times 10^{37}$$

答：反应在 298.15K 时的标准平衡常数为 1.5×10^{37}。

【例 1-11】 298.15K 时，Cu 电极和 Ag 电极组成原电池：

$$(-)Cu|Cu^{2+}(0.1mol \cdot kg^{-1})\| Ag^+(0.1mol \cdot kg^{-1})|Ag(+)$$

① 计算原电池的电动势和电池反应的平衡常数；

② 若向 Ag 半电池中加入硫酸钠固体使溶液中 $b(SO_4^{2-})$ 为 $0.1mol \cdot kg^{-1}$，此时 Ag 仍为正极，求此时原电池电动势。[已知：$E^{\ominus}(Cu^{2+}/Cu)=0.3419V$，$E^{\ominus}(Ag^+/Ag)=0.8V$，$K_{sp}^{\ominus}(Ag_2SO_4)=1.2 \times 10^{-5}$]

解：

① 根据 Cu 电极的能斯特方程可求出其电极电势：

$$E(\text{Cu}^{2+}/\text{Cu}) = E^{\ominus}(\text{Cu}^{2+}/\text{Cu}) - \frac{0.05917}{2}\lg\frac{1}{b(\text{Cu}^{2+})/b^{\ominus}}$$

$$= 0.3419 - \frac{0.05917}{2} \times \lg\frac{1}{0.1/1} = 0.31(\text{V})$$

根据 Ag 电极的能斯特方程可求出其电极电势：

$$E(\text{Ag}^{+}/\text{Ag}) = E^{\ominus}(\text{Ag}^{+}/\text{Ag}) - 0.05917\lg\frac{1}{b(\text{Ag}^{+})/b^{\ominus}}$$

$$= 0.8 - 0.05917 \times \lg\frac{1}{0.1/1} = 0.74(\text{V})$$

故电池的电动势为 $E = E(\text{Ag}^{+}/\text{Ag}) - E(\text{Cu}^{2+}/\text{Cu}) = 0.74 - 0.31 = 0.43(\text{V})$

$\lg K^{\ominus} = zE^{\ominus}/0.05917 = 2 \times (0.8 - 0.3419)/0.05917 = 15.5$，$K^{\ominus} = 3.2 \times 10^{15}$

② 在 Ag 电极中加入 Na_2SO_4 会产生 Ag_2SO_4 沉淀，达到沉淀溶解平衡时，有：

$$K_{\text{sp}}^{\ominus}(\text{Ag}_2\text{SO}_4) = [b(\text{Ag}^{+})/b^{\ominus}]^2[b(\text{SO}_4^{2-})/b^{\ominus}]$$

$$= [b(\text{Ag}^{+})/b^{\ominus}]^2[0.1/1] = 1.2 \times 10^{-5}$$

所以，$b(\text{Ag}^{+})/b^{\ominus} = \sqrt{1.2 \times 10^{-4}} = 0.011$

$$E(\text{Ag}^{+}/\text{Ag}) = 0.8 - 0.05917 \times \lg\frac{1}{0.011} \approx 0.68(\text{V})$$

故电池的电动势为

$$E = E(\text{Ag}^{+}/\text{Ag}) - E(\text{Cu}^{2+}/\text{Cu}) = 0.68 - 0.31 = 0.37(\text{V})$$

答：原电池电动势为 0.43V，电池反应标准平衡常数为 3.2×10^{15}；加入硫酸钠后电池电动势为 0.37V。

 提高强化应用

一、单项选择题

1. 欲使原电池 $(-)\text{Zn}|\text{Zn}^{2+}||\text{Ag}^{+}|\text{Ag}(+)$ 电动势增加，可采取的措施有（　　　）。

    A．增大 Zn^{2+} 的浓度　　　　　　B．增加 Ag^{+} 的浓度

    C．加大锌电极面积　　　　　　　D．降低 Ag^{+} 的浓度

2. 对于两极反应 $2\text{H}^{+} + 2\text{e}^{-} \Longrightarrow \text{H}_2$ 和 $\text{O}_2 + 2\text{H}_2\text{O} + 4\text{e}^{-} \Longrightarrow 4\text{OH}^{-}$，当溶液 pH 值增大（其他条件不变）时电极电位变化正确的是（　　　）。

    A．$E(\text{H}^{+}/\text{H}_2)$ 变小，$E(\text{O}_2/\text{OH}^{-})$ 变小

    B．$E(\text{H}^{+}/\text{H}_2)$ 变小，$E(\text{O}_2/\text{OH}^{-})$ 变大

    C．$E(\text{H}^{+}/\text{H}_2)$ 变大，$E(\text{O}_2/\text{OH}^{-})$ 变小

    D．$E(\text{H}^{+}/\text{H}_2)$ 变大，$E(\text{O}_2/\text{OH}^{-})$ 变大

3．已知电对 Cl_2/Cl^-、Fe^{3+}/Fe^{2+}、O_2/H_2O_2、MnO_4^-/Mn^{2+}、$Cr_2O_7^{2-}/Cr^{3+}$ 的标准电极电势 $E^{\ominus}(V)$ 分别为 1.358、0.771、0.695、1.507、1.232，在标准状态和 298.15K 下，以下各组物质中，不能在溶液中稳定共存的是（   ）。

    A．Fe^{3+} 和 Cl^- B．O_2 和 Cl^-

    C．MnO_4^- 和 Cl^- D．$Cr_2O_7^{2-}$ 和 Cl^-

4．298.15K 时，已知 $E^{\ominus}(Fe^{3+}/Fe^{2+})=0.771V$，$E^{\ominus}(Sn^{4+}/Sn^{2+})=0.15V$，则反应 $2Fe^{2+}+Sn^{4+}\rule[0.5ex]{1.5em}{0.4pt}2Fe^{3+}+Sn^{2+}$ 的标准摩尔吉布斯函数变为（   ）$kJ\cdot mol^{-1}$。

    A．-268.7   B．-177.8   C．-119.8   D．+119.8

5．为了防止海轮船体的腐蚀，可在船壳水线以下位置嵌上一定数量的（   ）。

    A．铜块   B．铅块   C．锌块   D．钠块

6．下列关于氧化数叙述正确的是（   ）。

    A．氧化数是指某元素的一个原子的表观电荷数

    B．氧化数在数值上与化合价相同

    C．氧化数均为整数

    D．氢在化合物中的氧化数皆为+1

7．对于原电池反应来说，下述正确的是（   ）。

    A．电池反应的 $\Delta_r G_m^{\ominus}$ 必小于零

    B．在正极发生的是氧化数升高的反应

    C．电池反应一定是自发反应

    D．所有的氧化-还原反应都可以组成实际的原电池

8．根据电池反应 $2S_2O_3^{2-}+I_2\rule[0.5ex]{1.5em}{0.4pt}S_4O_6^{2-}+2I^-$，将该反应组成原电池，测得该电池的 $E^{\ominus}=0.455V$，已知 $\varphi_{I_2/I^-}^{\ominus}=0.535V$，则 $\varphi_{S_4O_6^{2-}/S_2O_3^{2-}}^{\ominus}$ 为（   ）V。

    A．-0.080   B．0.080   C．0.990   D．-0.990

9．对于电池反应 $Cu^{2+}+Zn\rule[0.5ex]{1.5em}{0.4pt}Zn^{2+}+Cu$，欲增加其电动势，可采取的措施有（   ）。

    A．降低 Zn^{2+} 浓度   B．增加 Zn^{2+} 浓度

    C．降低 Cu^{2+} 浓度   D．同时增加 Zn^{2+}、Cu^{2+} 浓度

10．有一个原电池由两个氢电极组成，其中一个是标准氢电板，为了得到最大的电动势，另一个电极浸入的酸性溶液[设 $P(H_2)=100kPa$]应为（   ）。

    A．$0.1mol\cdot kg^{-1}HCl$ B．$0.1mol\cdot kg^{-1}HAc+0.1mol\cdot kg^{-1}NaAc$

    C．$0.1mol\cdot kg^{-1}HAc$ D．$0.1mol\cdot kg^{-1}H_3PO_4$

11．在原电池中，下列叙述正确的是（   ）。

    A，做正极的物质的 $\varphi^{\ominus}$ 值必须大于零

    B．做负极的物质的 $\varphi^{\ominus}$ 值必须小于零

    C．$\varphi_+^{\ominus}>\varphi_-^{\ominus}$

    D．电势较高的电对中的氧化态物质在正极得到电子

12．关于电动势，下列说法不正确的是（   ）。

    A．电动势的大小表明了电池反应的趋势

B. 电动势的大小表征了原电池反应所做的最大非体积功

C. 某些情况下电动势的值与电极电势值相同

D. 标准电动势小于零时，电池反应不能进行

13. 某电池的电池符号为$(-)Pt|A^{3+},A^{2+}||B^{4+},B^{3+}|Pt(+)$，则此电池反应的产物应为下列（　　）。

A. A^{3+}，B^{4+} 　　　　B. A^{3+}，B^{3+}

C. A^{2+}，B^{4+} 　　　　D. A^{2+}，B^{3+}

14. 在标准条件下，下列反应均向正方向进行：

$$Cr_2O_7^{2-}+6Fe^{2+}+14H^+ =\!=\!= 2Cr^{3+}+6Fe^{3+}+7H_2O$$

$$2Fe^{3+}+Sn^{2+} =\!=\!= 2Fe^{2+}+Sn^{4+}$$

它们中间最强的氧化剂和最强的还原剂是（　　）。

A. Sn^{2+}和Fe^{3+} 　　　　B. $Cr_2O_7^{2-}$和Sn^{2+}

C. Cr^{3+}和Sn^{4+} 　　　　D. $Cr_2O_7^{2-}$和Fe^{3+}

15. 已知$\varphi_{Ni^{2+}/Ni}^{\ominus}=-0.257V$，实测镍电极电势$\varphi_{Ni^{2+}/Ni}^{\ominus}=-0.201V$，则下列表述正确的是（　　）。

A. Ni^{2+}浓度大于$1mol \cdot kg^{-1}$ 　　B. Ni^{2+}浓度小于$1mol \cdot kg^{-1}$

C. Ni^{2+}浓度等于$1mol \cdot kg^{-1}$ 　　D. 无法确定

16. 关于电极极化的下列说法中，正确的是（　　）。

A. 极化使得两极的电极电势总是大于理论电极电势

B. 极化使得阳极的电极电势大于其理论电极电势，使阴极的电极电势小于其理论电极电势

C. 电极极化只发生在电解池中，原电池中不存在电极的极化现象

D. 由于电极极化，电解时的实际分解电压小于其理论分解电压

17. 电解含Fe^{2+}、Ca^{2+}、Zn^{2+}和Cu^{2+}的电解质水溶液，最先析出的金属是（　　）。

A. Fe 　　　　B. Zn 　　　　C. Cu 　　　　D. Ca

18. 电解$NiSO_4$溶液，阳极用镍，阴极用铁，则阳极和阴极的产物分别是（　　）。

A. Ni^{2+}，Ni 　　　　B. Ni^{2+}，H_2

C. Fe^{2+}，Ni 　　　　D. Fe^{2+}，H_2

19. 不能减轻金属的腐蚀作用的方法是（　　）。

A. 增加金属的纯度 　　　　B. 增加金属表面的光洁度

C. 增加金属构件的内应力 　　D. 降低金属环境的湿度

20. 已知$Ag^+ + e^- =\!=\!= Ag$的$E^{\ominus}(Ag^+/Ag)=0.80V$，则$2Ag^+ + 2e^- =\!=\!= 2Ag$的$E^{\ominus}(Ag^+/Ag)$为（　　）。

A. $-0.80V$ 　　B. $0.80V$ 　　C. $-1.6V$ 　　D. $1.6V$

21. 在原电池$(-)Zn|Zn^{2+}||Cu^{2+}|Cu(+)$的铜半电池中加入氨水，则电池的电动势将（　　）。

A. 变大 　　　　B. 变小 　　　　C. 不变 　　　　D. 趋于标准电动势

22. 某氧化还原反应组装成原电池，下列说法正确的是（　　）。

A．负极发生还原反应，正极发生氧化反应

B．负极是还原态物质失电子，正极是氧化态物质得电子

C．氧化还原反应达平衡时平衡常数 $K^\ominus$ 为零

D．氧化还原反应达平衡时标准电动势 $E^\ominus$ 为零

23．下列物质的溶液中，不断增加 H^+ 的浓度，氧化能力不增强的是（　　）。

  A．MnO_4^- B．NO_3^- C．H_2O_2 D．Br_2

24．将氧化还原反应 $2Fe^{3+}+2I^- \Longrightarrow 2Fe^{2+}+I_2$ 设计成原电池，则原电池表示式正确的是（　　）。

  A．$(-)I_2|I^-\|Fe^{3+},Fe^{2+}|Fe(+)$ B．$(-)Fe|Fe^{3+},Fe^{2+}\|I^-|I_2(+)$

  C．$(-)Pt|I_2\|Fe^{3+},Fe^{2+}|Fe(+)$ D．$(-)Pt|I_2|I^-\|Fe^{3+},Fe^{2+}|Pt(+)$

25．钢铁在海水中的腐蚀属于（　　）。

  A．化学腐蚀   B．析氢腐蚀

  C．吸氧腐蚀   D．不能确定

26．将 $Pt|H_2(100kPa)|H_2O$ 与标准氢电极组成原电池时，则电池的电动势为（　　）。

  A．0.4144V B．$-0.4144V$ C．0V D．0.8288V

27．下列两个反应均能正向自发进行：

$$Cr_2O_7^{2-}+14H^++6Fe^{2+} \Longrightarrow 2Cr^{3+}+6Fe^{3+}+7H_2O$$

$$2Fe^{3+}+2I^- \Longrightarrow 2Fe^{2+}+I_2$$

则最强的氧化剂和还原剂分别是（　　）。

  A．$Cr_2O_7^{2-}$，Fe^{2+} B．Fe^{3+}，I^-

  C．$Cr_2O_7^{2-}$，I^- D．I_2，Fe^{2+}

28．已知 $E^\ominus(Fe^{3+}/Fe^{2+})=0.771V$ 和 $E^\ominus(I_2/I^-)=0.536V$，则反应 $2Fe^{3+}+2I^- \Longrightarrow 2Fe^{2+}+I_2$ 在 298.15K 的标准平衡常数是（　　）。

  A．1 B．8.8×10^7 C．88 D．1.7×10^{-8}

二、判断题

1．在 298.15K 时，测得标准氢电极的电极电势为零。（　　）

2．标准电极电势只取决于电极的本性，与电极反应的写法无关。（　　）

3．在电池反应中，电池电动势越大，电池反应的速率就越快。（　　）

4．标准电极电势较小电对的氧化态物质，不可能氧化标准电极电势较大电对的还原态物质。（　　）

5．在原电池中，增加氧化态物质的浓度，必使原电池的电动势增加。（　　）

6．溶液的酸度对 Cl_2/Cl^- 电对的电极电势无影响。（　　）

7．电解稀硫酸钠水溶液和稀氢氧化钠水溶液，两者的电解产物是一样的。（　　）

8．将纯的锌片同稀盐酸溶液接触，锌片溶解，有氢气析出，故锌的腐蚀为析氢腐蚀。（　　）

9．若将马口铁（镀锡钢板）和白铁（镀锌铁）的断面放入海水中，则其发生电化学腐蚀时阳极的反应是相同的。（　　）

10. 凡是氧化数降低的物质都是还原剂。（　　）

11. 电极电势的数值与电池反应中化学计量数的选配及电极反应的方向无关，平衡常数的数值也与化学计量数无关。（　　）

12. 有下列原电池：$(-)Cd|CdSO_4(1mol \cdot L^{-1}) \| CuSO_4(1mol \cdot L^{-1})|Cu(+)$

若往 $CdSO_4$ 溶液中加入少量 Na_2S 溶液，或往 $CuSO_4$ 溶液中加入少量 $CuSO_4 \cdot 5H_2O$ 晶体，都会使原电池的电动势变小。（　　）

13. 已知某电池反应 $A + \frac{1}{2}B^{2+} \Longrightarrow A^+ + \frac{1}{2}B$ ，而当反应式改写为 $2A + B^{2+} \Longrightarrow 2A^+ + B$ 时，则此反应的 $E^\ominus$ 不变，而 $\Delta_r G_m^\ominus$ 改变。（　　）

14. 对于电池反应 $Cu^{2+} + Zn \Longrightarrow Cu + Zn^{2+}$ ，增加系统 Cu^{2+} 的浓度必将使电池的 E 增大，根据电动势与平衡常数的关系可知，电池反应的 $K^\ominus$ 也必将增大。（　　）

15. 由于 $\varphi^\ominus_{K^+/K} < \varphi^\ominus_{Al^{3+}/Al} < \varphi^\ominus_{Co^{2+}/Co}$ ，因此在标准状态下，Co^{2+} 的氧化性最强，而 K^+ 的还原性最强。（　　）

16. 电解反应中，由于在阳极是电极电势较小的还原态物质先放电，在阴极是电极电势较大的氧化态物质先放电，所以阴极放电物质的电极电势必大于阳极放电物质的电极电势。（　　）

17. 电极的极化作用所引起的超电势必导致两极的实际电势差大于理论电势差。（　　）

18. 在电解时，因为阳极发生的是氧化反应，即失电子反应，因此阳极应接在电源的正极上。（　　）

19. 普通碳钢在中性或弱酸性水溶液中主要发生吸氧腐蚀，而在酸性较强的水溶液中主要发生析氢腐蚀。（　　）

20. 若将马口铁（镀锡钢板）和白铁（镀锌铁）的断面放入盐酸中，都会发生铁的腐蚀。（　　）

三、填空题

1. 高锰酸钾在强酸介质中的还原产物是_____，对应的电极反应是_____，298.15K 时能斯特方程是_____；在中性介质中的还原产物是_____，对应的电极反应是_____；在强碱介质中的还原产物是_____。

2. 电解硫酸铜溶液，若两极均用 Cu，阳极反应为_____，阴极反应为_____；若 Pt 为阳极、Cu 为阴极，阳极反应为_____，阴极反应为_____；若 Pt 为阴极、Cu 为阳极，阳极反应为_____，阴极反应为_____。

3. 电化学腐蚀分为_____和_____，被腐蚀的金属总处于_____极。

4. 电化学保护法包括_____和_____。

5. 将能够自发进行的氧化还原反应 $2Fe^{3+} + H_2 \Longrightarrow 2Fe^{2+} + 2H^+$ 设计成原电池，则该原电池的电池符号为_____。

6. 原电池中电极电势小的电对为_____极，电极电势大的电对为_____极。电极电势越大的电对，其氧化态_____越强，电极电势越小的电对，其还原态_____越强。

7. 若将反应 $Cr_2O_7^{2-} + 14H^+ + 6Fe^{2+} \Longrightarrow 2Cr^{3+} + 6Fe^{3+} + 7H_2O$ 组成原电池，电池符号为_____。

8. 饱和甘汞电极符号为_____，电极反应为_____。

9. 在铜锌原电池的铜半电池中加入氨水，则原电池的电动势_____；在锌半电池中加入氨水，则原电池的电动势_____。

四、问答题

1. 防止金属腐蚀的方法有哪些？各根据什么原理？

2. 解释铜锌原电池产生电流的原理。

3. 举例说明电极的类型。

4. 配平下列反应式：

（1）$FeS_2 + O_2 \Longrightarrow Fe_2O_3 + SO_2$

（2）$CuSO_4 + KI \Longrightarrow CuI + I_2 + K_2SO_4$

（3）$Zn + HgO + NaOH \Longrightarrow Hg + Na_2ZnO_2 + H_2O$

（4）$KMnO_4 \Longrightarrow K_2MnO_4 + MnO_2 + O_2 \uparrow$

（5）$PbO_2 + Cl^- + H^+ \Longrightarrow Pb^{2+} + Cl_2 \uparrow + H_2O$

（6）$P_4 + OH^- + H_2O \Longrightarrow PH_3 + HPO_2^-$

（7）$MnO_4^- + Fe^{2+} + H^+ \Longrightarrow Mn^{2+} + Fe^{3+} + H_2O$

5. 根据下列原电池反应，分别写出各原电池中正、负电极的电极反应（须配平）。

（1）$3H_2 + Sb_2O_3 \Longrightarrow 2Sb + 3H_2O$，$p(H_2) = 100kPa$

（2）$Pb^{2+} + Cu(s) + S^{2-} \Longrightarrow Pb + CuS(s)$

（3）$MnO_4^- + 5Fe^{2+} + 8H^+ \Longrightarrow Mn^{2+} + 5Fe^{3+} + 4H_2O$

（4）$Fe^{2+} + Ag^+ \Longrightarrow Fe^{3+} + Ag$

（5）$Zn + Fe^{2+} \Longrightarrow Zn^{2+} + Fe$

（6）$2I^- + 2Fe^{3+} \Longrightarrow I_2 + 2Fe^{2+}$

（7）$Ni + Sn^{4+} \Longrightarrow Ni^{2+} + Sn^{2+}$

6. 将第5题各氧化还原反应组成原电池，分别用符号表示各原电池。

7. 在298.15K，pH = 4.0时，下列反应能否自发进行？试通过计算说明（除H^+及OH^-外，其他物质均处于标准条件下）。

（1）$Cr_2O_7^{2-}(aq) + 14H^+(aq) + 6Br^-(aq) \Longrightarrow 3Br_2(l) + 2Cr^{3+}(aq) + 7H_2O(l)$

（2）$2MnO_4^-(aq) + 16H^+(aq) + 10Cl^-(aq) \Longrightarrow 5Cl_2(l) + 2Mn^{2+}(aq) + 8H_2O(l)$

8. 由标准钴电极(Co^{2+}/Co)与标准氯电极组成原电池，测得其电动势为1.64V，此时钴电极为负极。已知$\varphi^{\ominus}(Cl_2/Cl^-) = 1.36V$，问：

（1）标准钴电极的电极电势为多少？（不查表）

（2）此电池反应的方向如何？

（3）当氯气的压力增大或减小时，原电池的电动势将发生怎样的变化？

（4）当Co^{2+}的浓度降低到$0.010mol \cdot kg^{-1}$时，原电池的电动势将如何变化？数值是多少？

9. 什么叫作电极电势、标准电极电势？举例说明测定电极电势的方法。

10. 如果把下列氧化还原反应分别组装成原电池，试以符号表示，并写出正、负极反应方程式。

① $Zn + CdSO_4 \Longrightarrow ZnSO_4 + Cd$

② $Fe^{2+} + Ag^+ \Longrightarrow Ag + Fe^{3+}$

11. 如何利用电极电势确定原电池的正负极？

12. 怎样理解介质酸度增加，高锰酸钾的氧化性增强？

13. 参照标准电极电势数据，将下列物质按氧化能力的大小排序：I_2、F_2、$KMnO_4$、$K_2Cr_2O_7$、$FeCl_3$。

14. 参照标准电极电势数据，将下列物质按还原能力的大小排序：$FeCl_2$、$SnCl_2$、Mg、H_2。

15. 判断下列氧化还原反应进行的方向（设有关物质的浓度均为 $1mol \cdot kg^{-1}$）：

① $Sn^{4+} + 2Fe^{2+} \Longrightarrow Sn^{2+} + 2Fe^{3+}$

② $2Br^- + 2Fe^{3+} \Longrightarrow Br_2 + 2Fe^{2+}$

③ $2Cr^{3+} + 3I_2 + 7H_2O \Longrightarrow Cr_2O_7^{2-} + 14H^+ + 6I^-$

16. 向含有 $b_{Cu^{2+}} = 1.0mol \cdot kg^{-1}$ 和 $b_{Ag^+} = 1.0mol \cdot kg^{-1}$ 的混合溶液中加入铁粉。

（1）何种金属先析出？

（2）当第二种金属析出时，第一种金属在溶液中的浓度应为多少？

17. 从两极名称、电子流方向、两极反应等方面比较原电池和电解池的结构和原理。

18. 试用电极反应式表示下列电解过程中的主要电解产物：

① 电解 $NiSO_4$ 溶液，阳极用镍，阴极用铁。

② 电解熔融 $MgCl_2$，阳极用石墨，阴极用铁。

③ 电解 KOH 溶液，两极都用铂。

19. 用两极反应表示下列物质的主要电解产物。

（1）电解 $NiSO_4$ 溶液，阳极用镍，阴极用铁。

（2）电解熔融 $MgCl_2$，阳极用石墨，阴极用铁。

（3）电解 KOH 溶液，两极都用铂。

20. 什么叫作分解电压、电极的极化和超电压？

21. 影响电解产物的主要因素有哪些？当电解不同金属的氯化物、硫化物或含氧酸盐的水溶液时，在两极上所得电解产物一般是什么？

22. 在大气中，金属的电化学腐蚀主要有哪几种？写出有关反应方程式。

五、计算题

1. 用标准钴电极和标准氯电极组成原电池，测得其电动势为 $1.64V$，此时钴电极为负极。已知氯电极的标准电极电势为 $1.358V$。

① 写出该电池的反应方程式。

② 计算钴电极的标准电极电势。

③ 当氯气分压增大时，电池的电动势是增大还是减小？

④ 当 $b(Co^{2+}) = 0.01mol \cdot kg^{-1}$ 时，计算电池的电动势。

2. $298.15K$ 时，有下述铜锌原电池：

$$(-)Zn|Zn^{2+}(0.01mol \cdot kg^{-1})||Cu^{2+}(0.01mol \cdot kg^{-1})|Cu(+)$$

① 写出原电池的反应，并计算反应的平衡常数。

② 先向铜半电池中通入氨气使得溶液中 $b(NH_3) = 1mol \cdot kg^{-1}$，测得电池的电动势为 0.71V，求铜氨配离子的稳定常数。

③ 然后向锌半电池中加入硫化钠使得溶液中 $b(S^{2-}) = 1mol \cdot kg^{-1}$，求此时原电池的电动势。

3．已知下面电池在 298.15K 的电动势为 0.17V，计算该温度下弱酸 HA 的质子转移平衡常数。

$$(-)Pt|H_2(100kPa)|HA(0.1mol \cdot kg^{-1})||H^+(1mol \cdot kg^{-1})|H_2(100kPa)|Pt(+)$$

4．将一块铜板浸在氨水和铜氨配离子的混合溶液中，组成一 $[Cu(NH_3)_4]^{2+}/Cu$ 电极，其中氨水和 $[Cu(NH_3)_4]^{2+}$ 的平衡浓度皆为 $1.0mol \cdot kg^{-1}$。若用标准氢电极做正极，与上述铜氨配离子电极组成一个原电池，测得该电池的电动势为 0.052V 且标准氢电极为正极，求铜氨配离子的不稳定常数。

5．电解镍盐溶液，其中 $b(Ni^{2+}) = 0.1mol \cdot kg^{-1}$。如果在阴极上只要 Ni 析出，而不析出氢气，计算溶液的最小 pH 值（设氢在 Ni 上的超电势为 0.21V）。

6．将银插入 $0.1mol \cdot kg^{-1}$ 硝酸银溶液中和标准氢电极组成原电池。

① 写出电池的表示式。

② 计算原电池的电动势、电池反应的标准平衡常数及标准摩尔吉布斯函数变。

7．为测定硫酸铅的溶度积，设计了下列原电池：

$$(-)Pb|PbSO_4|SO_4^{2-}(1mol \cdot kg^{-1})||Sn^{2+}(1mol \cdot kg^{-1})|Sn(+)$$

在 298.15K 时测得原电池的电动势为 0.218V，求 $PbSO_4$ 的溶度积。

8．将标准氢电极和镍电极组成原电池，其中镍电极为负极。当 $b(Ni^{2+}) = 0.01mol \cdot kg^{-1}$ 时，电池的电动势为 0.32V。计算镍电极的标准电极电势。

9．用铂电极电解 $0.5mol \cdot L^{-1}Na_2SO_4$ 的水溶液，测得 25℃ 时阴极电势为 1.23V，溶液 pH 值为 6.5，求阴极过电势值。

10．电解铜时，给定电流强度为 5000A，电解 2h 后，理论上能得到多少千克铜？

11．将氢电极插入 $0.1mol \cdot L^{-1}$ 的醋酸溶液中，并保持氢气的分压为 180kPa，把铅电极插入 $0.16mol \cdot L^{-1}$ 的溶液中，该溶液与 $Pb(IO_3)_2$ 固体接触，测得此电池的电动势为 0.366V，试计算 $Pb(IO_3)_2$ 的 $K_{sp}^{\ominus}$。已知 $K_s(HAc) = 1.8 \times 10^{-5}$，$\varphi^{\ominus}(H^+/H_2) = 0V$，$\varphi^{\ominus}(Pb^{2+}/Pb) = -0.13V$，氢电极为正极。

12．已知下列电对的标准电极电势，计算 AgBr 的溶度积。

$$Ag^+(aq) + e^- \longrightarrow Ag(s)，\quad \varphi^{\ominus}(Ag^+/Ag) = 0.799V$$

$$AgBr(s) + e^- \longrightarrow Ag^+(aq) + Br^-(aq)，\quad \varphi^{\ominus}(AgBr/Ag) = 0.073V$$

13．反应 $Sn^{2+} + 2Fe^{3+} =\!=\!= Sn^{4+} + 2Fe^{2+}$ 中，各离子的浓度均为 $1mol \cdot L^{-1}$，根据电极电势判断反应的方向，并计算此反应的 $\Delta_r G_m^{\ominus}$（用浓度代替活度）。

14. 已知 $E^{\ominus}(H_3AsO_4 / H_3AsO_3) = 0.56V$、$E^{\ominus}(I_2 / I^-) = 0.536V$，通过计算说明在标准状态和 pH = 6 时反应 $H_3AsO_4 + 2I^- + 2H^+ \rule[0.5ex]{2em}{0.1ex} H_3AsO_3 + I_2 + H_2O$ 进行的方向（其他离子的浓度为 $1mol \cdot kg^{-1}$）。

15. 将下列反应组成原电池（温度为 298.15K）：

$$2I^-(aq) + 2Fe^{3+}(aq) \rule[0.5ex]{2em}{0.1ex} I_2(s) + 2Fe^{2+}(aq)$$

（1）计算原电池的标准电动势；
（2）计算反应的标准摩尔吉布斯函数变；
（3）用图式表示原电池；
（4）计算 $b(I^-) = 1.0 \times 10^{-2} mol \cdot L^{-1}$ 以及 $b(Fe^{3+}) = b(Fe^{2+}) / 10$ 时原电池的电动势。

16. 将锡和铅的金属片分别插入含有该金属离子的溶液中并组成原电池（图式表示，要注明浓度）：

（1）$b(Sn^{2+}) = 0.0100 mol \cdot kg^{-1}$，$b(Pb^{2+}) = 1.00 mol \cdot kg^{-1}$；
（2）$b(Sn^{2+}) = 1.00 mol \cdot kg^{-1}$，$b(Pb^{2+}) = 0.100 mol \cdot kg^{-1}$。

分别计算原电池的电动势，写出原电池的两电极反应和电池总反应式。

提高强化应用参考答案

一、单项选择题

1. B 2. A 3. C 4. C 5. C 6. A 7. C 8. B 9. A 10. B 11. D 12. D
13. B 14. B 15. A 16. B 17. C 18. A 19. C 20. B 21. B 22. B 23. D
24. D 25. C 26. A 27. C 28. B

二、判断题

1. 错 2. 对 3. 错 4. 错 5. 错 6. 对 7. 对 8. 错 9. 错 10. 错 11. 错
12. 错 13. 对 14. 错 15. 错 16. 错 17. 对 18. 对 19. 对 20. 错

三、填空题

1. Mn^{2+}　　$MnO_4^- + 8H^+ + 5e^- \rule[0.5ex]{2em}{0.1ex} Mn^{2+} + 4H_2O$

$E = E^{\ominus} - \dfrac{0.059}{5} \lg \dfrac{b(Mn^{2+}) / b^{\ominus}}{[b(MnO_4^-) / b^{\ominus}][b(H^+) / b^{\ominus}]^8}$

MnO_2　　$MnO_4^- + 2H_2O + 3e^- \rule[0.5ex]{2em}{0.1ex} MnO_2 \downarrow + 4OH^-$　　MnO_4^{2-}

2. $Cu - 2e^- \rule[0.5ex]{2em}{0.1ex} Cu^{2+}$　　$Cu^{2+} + 2e^- \rule[0.5ex]{2em}{0.1ex} Cu$　　$2H_2O - 4e^- \rule[0.5ex]{2em}{0.1ex} O_2 \uparrow + 4H^+$

$Cu^{2+} + 2e^- \rule[0.5ex]{2em}{0.1ex} Cu$　　$Cu - 2e^- \rule[0.5ex]{2em}{0.1ex} Cu^{2+}$　　$Cu^{2+} + 2e^- \rule[0.5ex]{2em}{0.1ex} Cu$

3. 析氢腐蚀　吸氧腐蚀　阳

4. 牺牲阳极法　外加直流电的阴极保护法

5. $(-)Pt|H_2|H^+||Fe^{3+}, Fe^{2+}|Pt(+)$

6. 负　正　氧化性　还原性

7. $(-)Pt|Fe^{2+}, Fe^{3+} \| Cr^{3+}, Cr_2O_7^{2-}, H^+|Pt(+)$

8. $Hg|Hg_2Cl_2(s)|KCl$　　$Hg_2Cl_2(s) + 2e^- \rule[0.5ex]{2em}{0.4pt} 2Hg(l) + 2Cl^-$

9. 降低　升高

四、问答题

1. （1）正确选材。选择耐腐蚀性好的金属及其合金。

（2）覆盖保护层。将金属制品和周围的介质隔离开。

（3）电化学保护法。将被保护的金属变成腐蚀电池的阴极来达到防止腐蚀的目的。

（4）缓蚀剂法。在腐蚀介质中添加能够降低金属腐蚀速率的物质。

2. Zn 在氧化过程中失去的电子通过给定的外回路流入 Cu^{2+} 溶液中，Cu^{2+} 得到电子发生还原反应。这样造成电子的定向移动，形成电流，进而形成原电池。

3. ①金属-金属离子电极（金属电极）：$Zn|Zn^{2+}$、$Cu|Cu^{2+}$、$Ag|Ag^+$ 等。

②非金属-非金属离子电极（气体电极）：$Pt|Cl_2|$、$Pt|O_2|$ 等。

③氧化还原电极：$Pt|Fe^{3+},Fe^{2+}$、$Pt|Mn^{2+},H^+$、$Pt|Sn^{4+},Sn^{2+}$ 等。

④金属-金属难溶盐电极：$Ag|AgCl(s)|$、$Pt|Hg(l)|HgCl_2(s)|$ 等。

4. （1）$4FeS_2 + 11O_2 \rule[0.5ex]{2em}{0.4pt} 2Fe_2O_3 + 8SO_2$

（2）$2CuSO_4 + 4KI \rule[0.5ex]{2em}{0.4pt} 2CuI + I_2 + 2K_2SO_4$

（3）$Zn + HgO + 2NaOH \rule[0.5ex]{2em}{0.4pt} Hg + Na_2ZnO_2 + H_2O$

（4）$2KMnO_4 \rule[0.5ex]{2em}{0.4pt} K_2MnO_4 + MnO_2 + O_2\uparrow$

（5）$PbO_2 + 2Cl^- + 4H^+ \rule[0.5ex]{2em}{0.4pt} Pb^{2+} + Cl_2\uparrow + 2H_2O$

（6）$5P_4 + 12OH^- + 12H_2O \rule[0.5ex]{2em}{0.4pt} 8PH_3 + 12HPO_2^-$

（7）$MnO_4^- + 5Fe^{2+} + 8H^+ \rule[0.5ex]{2em}{0.4pt} Mn^{2+} + 5Fe^{3+} + 4H_2O$

5. （1）正极：$Sb_2O_3 + 6H^+ + 6e^- \rule[0.5ex]{2em}{0.4pt} 2Sb + 3H_2O$

　　　　负极：$H_2 - 2e^- \rule[0.5ex]{2em}{0.4pt} 2H^+$

（2）正极：$Pb^{2+} + 2e^- \rule[0.5ex]{2em}{0.4pt} Pb$

　　　　负极：$Cu + S^{2-} - 2e^- \rule[0.5ex]{2em}{0.4pt} CuS$

（3）正极：$MnO_4^- + 8H^+ + 5e^- \rule[0.5ex]{2em}{0.4pt} Mn^{2+} + 4H_2O$

　　　　负极：$Fe^{2+} - e^- \rule[0.5ex]{2em}{0.4pt} Fe^{3+}$

（4）正极：$Ag^+ + e^- \rule[0.5ex]{2em}{0.4pt} Ag$

　　　　负极：$Fe^{2+} - e^- \rule[0.5ex]{2em}{0.4pt} Fe^{3+}$

（5）正极：$Fe^{2+} + 2e^- \rule[0.5ex]{2em}{0.4pt} Fe$

　　　　负极：$Zn - 2e^- \rule[0.5ex]{2em}{0.4pt} Zn^{2+}$

（6）正极：$Fe^{3+} + e^- \rule[0.5ex]{2em}{0.4pt} Fe^{2+}$

　　　　负极：$2I^- - 2e^- \rule[0.5ex]{2em}{0.4pt} I_2$

（7）正极：$Sn^{4+} + 2e^- \rule[0.5ex]{2em}{0.4pt} Sn^{2+}$

　　　　负极：$Ni - 2e^- \rule[0.5ex]{2em}{0.4pt} Ni^{2+}$

6. （1）$(-)Pt|H_2(p=100kPa)|H^+(b_1)\|Sb_2O_3|Sb(+)$

（2）$(-)Cu|CuS|S^{2-}(b_1)\|Pb^{2+}(b_2)|Pb(+)$

（3）$(-)Pt|Fe^{2+}(b_1),Fe^{3+}(b_2)\|Mn^{2+}(b_3),MnO_4^-(b_4),H^+(c_5)|Pt(+)$

（4）$(-)Pt|Fe^{2+}(b_1),Fe^{3+}(b_2)\|Ag^+(b_3)|Ag(+)$

（5）$(-)\text{Zn}|\text{Zn}^{2+}(b_1)\|\text{Fe}^{2+}(b_2)|\text{Fe}(+)$

（6）$(-)\text{Pt}|\text{I}_2|\text{I}^-(b_3)\|\text{Fe}^{2+}(b_1),\text{Fe}^{3+}(b_2)|\text{Pt}(+)$

（7）$(-)\text{Ni}|\text{Ni}^{2+}(b_1)\|\text{Sn}^{2+}(b_2),\text{Sn}^{4+}(b_3)|\text{Pt}(+)$

7.（1）

$$E = \varphi_+^\ominus - \varphi_-^\ominus - \frac{0.05917}{6}\lg\frac{1}{[b(\text{H}^+)]^{14}} = 1.232 - 1.066 - \frac{0.05917}{6}\times\lg\frac{1}{(10^{-4})^{14}} = -0.3863(\text{V}) < 0$$

故不能自发进行。

（2）

$$E = \varphi_+^\ominus - \varphi_-^\ominus - \frac{0.05917}{10}\lg\frac{1}{[b(\text{H}^+)]^{16}} = 1.507 - 1.3583 - \frac{0.05917}{10}\times\lg\frac{1}{(10^{-4})^{16}} = -0.23(\text{V}) < 0$$

故不能自发进行。

8.（1）$E^\ominus = \varphi_+^\ominus - \varphi_-^\ominus = \varphi^\ominus(\text{Cl}_2/\text{Cl}^-) - \varphi^\ominus(\text{Co}^{2+}/\text{Co}) = 1.36\text{V} - \varphi^\ominus(\text{Co}^{2+}/\text{Co}) = 1.64\text{V}$

$\varphi^\ominus(\text{Co}^{2+}/\text{Co}) = -0.28\text{V}$

（2）正向进行，即 $\text{Co} + \text{Cl}_2 =\!\!=\!\!= \text{Co}^{2+} + 2\text{Cl}^-$

（3）$E = E^\ominus - \dfrac{0.05917}{2}\lg\dfrac{b(\text{Co}^{2+})[b(\text{Cl}^-)]^2}{p(\text{Cl}_2)/p^\ominus}$

由公式可知：氯气压力增大时，原电池的电动势增大，反之则减小。

（4）$E = E^\ominus - \dfrac{0.05917}{2}\lg\dfrac{b(\text{Co}^{2+})[b(\text{Cl}^-)]^2}{p(\text{Cl}_2)/p^\ominus} = 1.64 - \dfrac{0.05917}{2}\times\lg 0.01 = 1.6992(\text{V})$（原电池的电动势增大了）

9. 在金属表面与其溶液之间由于形成双电层而产生电势差，这种电势差叫作金属的平衡电极电势，简称电极电势。

标准电极电势是以标准氢电极为基准（规定氢标准电极电势为零）得到的相对电势，即将标准氢电极和任一标准电极构成原电池测出原电池的电动势即可得到该电极的标准电极电势。

10. ① $(-)\text{Zn}|\text{Zn}^{2+}(b_1)\|\text{Cd}^{2+}(b_2)|\text{Cd}(+)$

负极：$\text{Zn} - 2\text{e}^- =\!\!=\!\!= \text{Zn}^{2+}$

正极：$\text{Cd}^{2+} + 2\text{e}^- =\!\!=\!\!= \text{Cd}$

② $(-)\text{Pt}|\text{Fe}^{2+}(b_1),\text{Fe}^{3+}(b_2)\|\text{Ag}^+(b_3)|\text{Ag}(+)$

负极：$\text{Fe}^{2+} - \text{e}^- =\!\!=\!\!= \text{Fe}^{3+}$

正极：$\text{Ag}^+ + \text{e}^- =\!\!=\!\!= \text{Ag}$

11. 电极电势高的电对构成电池的正极，电极电势低的电对构成电池的负极。

12. $E(\text{MnO}_4^-/\text{Mn}^{2+}) = E^\ominus(\text{MnO}_4^-/\text{Mn}^{2+}) - \dfrac{0.05917}{5}\lg\dfrac{[b(\text{Mn}^{2+})/b^\ominus]}{[b(\text{MnO}_4^-)/b^\ominus][b(\text{H}^+)/b^\ominus]^8}$

故酸度增加，$E(\text{MnO}_4^-/\text{Mn}^{2+})$ 升高，该电对的氧化态物质即 MnO_4^- 的氧化性增强。

13. $\text{F}_2 > \text{KMnO}_4 > \text{K}_2\text{Cr}_2\text{O}_7 > \text{FeCl}_3 > \text{I}_2$

14. $\text{Mg} > \text{H}_2 > \text{SnCl}_2 > \text{FeCl}_2$

15．①反向进行　②反向进行　③反向进行

16．（1）金属银先析出

（2）$2Ag^+ + Fe \rightleftharpoons Fe^{2+} + 2Ag$　　①

　　$Cu^{2+} + Fe \rightleftharpoons Fe^{2+} + Cu$　　②

设 Cu^{2+} 析出时，$b(Fe^{2+}) = 1.0 \, \text{mol} \cdot \text{kg}^{-1}$

$E^\ominus(2) = \varphi^\ominus(Cu^{2+}/Cu) - \varphi^\ominus(Fe^{2+}/Fe) = 0.7889(V)$

$E^\ominus(1) = E^\ominus(2) = \varphi^\ominus(Ag^+/Ag) - \varphi^\ominus(Fe^{2+}/Fe) - \dfrac{0.05917}{2} \lg \dfrac{1}{[b(Ag^+)]^2}$

代入数据解得：$b(Ag^+) = 1.8 \times 10^{-8} \, \text{mol} \cdot \text{kg}^{-1}$

17．原电池是由自发的氧化还原反应设计的可以把化学能转变为电能的装置。原电池中失去电子的电极为负极（阳极），得到电子的电极为正极（阴极）。外电路中电子从负极流向正极。

电解池则是在外电源作用下被迫进行的氧化还原过程，是将电能转变为化学能的装置。与电源负极相连的电极称为阴极，与电源正极相连的电极称为阳极。外电路中电子从阳极流向阴极。

18．①阳极：$Ni - 2e^- \rightleftharpoons Ni^{2+}$　阴极：$2H^+ + 2e^- \rightleftharpoons H_2$

②阳极：$2Cl^- - 2e^- \rightleftharpoons Cl_2$　阴极：$2H^+ + 2e^- \rightleftharpoons H_2$

③阳极：$4OH^- - 4e^- \rightleftharpoons O_2 + 2H_2O$　阴极：$2H^+ + 2e^- \rightleftharpoons H_2$

19．（1）阳极：$Ni(s) \rightleftharpoons Ni^{2+}(aq) + 2e^-$　阴极：$Ni^{2+}(aq) + 2e^- \rightleftharpoons Ni(s)$

（2）阳极：$2Cl^-(aq) \rightleftharpoons Cl_2(g) + 2e^-$　阴极：$Mg^{2+}(aq) + 2e^- \rightleftharpoons Mg(s)$

（3）阳极：$4OH^-(aq) \rightleftharpoons 2H_2O(l) + O_2(g) + 4e^-$

　　阴极：$2H_2O(l) + 2e^- \rightleftharpoons 2OH^-(aq) + H_2(g)$

20．保证电解真正开始，并能顺利进行下去所需的最低外加电压称为分解电压。

因电流通过电极所产生的电极电势偏离平衡电极电势的现象称为电极的极化。

由于实际电解过程中两电极存在极化作用，会产生超电势，进而导致实际分解电压大于理论分解电压，产生了超电压。电解池的超电压等于电解池两极上的超电势之和。

21．影响因素：电解的对象和电极的类型

电解不同金属的氯化物时，阳极产生 X_2，阴极得到 H_2 或者相应的金属；

电解硫化物时，阳极通常是硫单质析出，阴极得到 H_2 或者相应的金属；

电解含氧酸盐时，阳极产生 O_2，阴极得到 H_2 或者相应的金属。

22．主要有 3 种电化学腐蚀：

析氢腐蚀：$Fe + 2H_2O \rightleftharpoons Fe(OH)_2 + H_2 \uparrow$

浓差腐蚀：$4Fe(OH)_2 + 2H_2O + O_2 \rightleftharpoons 4Fe(OH)_3$

吸氧腐蚀：$2Fe + 2H_2O + O_2 \rightleftharpoons 2Fe(OH)_2$

五、计算题

1．①$Co(s) + Cl_2(g) \rightleftharpoons Co^{2+}(aq) + 2Cl^-(aq)$

②$E^\ominus = E^\ominus(Cl_2/Cl^-) - E^\ominus(Co^{2+}/Co)$

$$E^{\ominus}(\text{Co}^{2+}/\text{Co}) = 1.358 - 1.64 = -0.282(\text{V})$$

③ $E(\text{Cl}_2/\text{Cl}^-) = E^{\ominus}(\text{Cl}_2/\text{Cl}^-) + \dfrac{0.059}{2}\lg\dfrac{p(\text{Cl}_2)/p^{\ominus}}{[b(\text{H}^+)/b^{\ominus}]}$

当 $p(\text{Cl}_2)$ 增大时，$E(\text{Cl}_2/\text{Cl}^-)$ 增大，原电池电动势增大

④ $E(\text{Co}^{2+}/\text{Co}) = E^{\ominus}(\text{Co}^{2+}/\text{Co}) + \dfrac{0.059}{2}\lg\dfrac{b(\text{Co}^{2+})}{b^{\ominus}}$

$$= -0.282 + \dfrac{0.059}{2}\times\lg 0.010 = -0.341(\text{V})$$

$$E = E(\text{Cl}_2/\text{Cl}^-) - E(\text{Co}^{2+}/\text{Co}) = E^{\ominus}(\text{Cl}_2/\text{Cl}^-) - E(\text{Co}^{2+}/\text{Co})$$
$$= 1.358 - (-0.341) = 1.699(\text{V})$$

2. ① $\text{Zn} + \text{Cu}^{2+}(\text{aq}) \Longrightarrow \text{Zn}^{2+}(\text{aq}) + \text{Cu}$

$$E^{\ominus}(\text{Zn}^{2+}/\text{Zn}) = -0.762\text{V}, \quad E^{\ominus}(\text{Cu}^{2+}/\text{Cu}) = 0.342\text{V}$$

$$E(\text{Zn}^{2+}/\text{Zn}) = E^{\ominus}(\text{Zn}^{2+}/\text{Zn}) + \dfrac{0.0592}{2}\lg[b(\text{Zn}^{2+})/b^{\ominus}]$$

$$= -0.762 + \dfrac{0.0592}{2}\times\lg 0.01 = -0.821(\text{V})$$

$$E(\text{Cu}^{2+}/\text{Cu}) = E^{\ominus}(\text{Cu}^{2+}/\text{Cu}) + \dfrac{0.0592}{2}\lg[b(\text{Cu}^{2+})/b^{\ominus}]$$

$$= 0.342 + \dfrac{0.0592}{2}\times\lg 0.01 = 0.283(\text{V})$$

$$E = E(\text{Cu}^{2+}/\text{Cu}) - E(\text{Zn}^{2+}/\text{Zn}) = 0.283 - (-0.821) = 1.104(\text{V})$$

$$\lg K = \dfrac{zE}{0.0592} = \dfrac{2\times 1.104}{0.0592} = 37.3$$

$$K = 2.0\times 10^{37}$$

② $E_1 = E(\text{Cu}^{2+}/\text{Cu}) - \dfrac{0.0592}{2}\lg\dfrac{b[\text{Cu(NH}_3)_4]^{2+}/b^{\ominus}}{b(\text{Cu}^{2+})/b^{\ominus}} - E(\text{Zn}^{2+}/\text{Zn})$

$$0.71\text{V} = 0.283\text{V} - \dfrac{0.0592}{2}\lg\dfrac{b[\text{Cu(NH}_3)_4]^{2+}}{b(\text{Cu}^{2+})} - (-0.821\text{V})$$

$$\dfrac{b[\text{Cu(NH}_3)_4]^{2+}}{b(\text{Cu}^{2+})} = 2.05\times 10^{13}$$

$$K_{\text{稳}} = \dfrac{b[\text{Cu(NH}_3)_4]^{2+}}{b(\text{Cu}^{2+})[b(\text{NH}_3)]^4} = 2.05\times 10^{13}$$

③ $K_{\text{sp}}(\text{ZnS}) = b(\text{Zn}^{2+})b(\text{S}^{2-}) = 2.93\times 10^{-29}$

$$b(\text{S}^{2-}) = 1\text{mol}\cdot\text{kg}^{-1}, \quad b(\text{Zn}^{2+}) = 2.93\times 10^{-29}\text{mol}\cdot\text{kg}^{-1}$$

$$E'(\text{Zn}^{2+}/\text{Zn}) = E^{\ominus}(\text{Zn}^{2+}/\text{Zn}) + \dfrac{0.0592}{2}\lg[b(\text{Zn}^{2+})/b^{\ominus}]$$

$$= -0.762 + \dfrac{0.0592}{2}\times\lg(2.93\times 10^{-29}) = -1.606(\text{V})$$

$$E'(\text{Cu}^{2+}/\text{Cu}) = E_1 + E(\text{Zn}^{2+}/\text{Zn}) = 0.71 + (-0.821) = -0.111(\text{V})$$

$$E_2 = E'(\text{Cu}^{2+}/\text{Cu}) - E'(\text{Zn}^{2+}/\text{Zn}) = -0.111 - (-1.606) = 1.495(\text{V})$$

3. $(-)\text{Pt}\,|\,\text{H}_2(100\text{kPa})\,|\,\text{HA}(0.1\text{mol}\cdot\text{kg}^{-1})\,||\,\text{H}^+(1\text{mol}\cdot\text{kg}^{-1})|\text{H}_2(100\text{kPa})\,|\,\text{Pt}(+)$

$$E(\text{HA}/\text{H}_2) = -0.17\text{V}$$

$$E(\text{H}^+/\text{H}_2) = E^{\ominus}(\text{H}^+/\text{H}_2) + \frac{0.059}{2}\lg\frac{[b(\text{H}^+)/b^{\ominus}]^2}{p_{\text{H}_2}/p^{\ominus}} - 0.17\text{V} = 0 + \frac{0.059}{2}\lg[b(\text{H}^+)]^2$$

$$b(\text{H}^+) = 1.3\times10^{-3}\,\text{mol}\cdot\text{kg}^{-1}$$

$$K_{\text{a}} = \frac{b(\text{H}^+)b(\text{A}^-)}{b(\text{HA})} = \frac{(1.3\times10^{-3})^2}{0.1 - 1.3\times10^{-3}} = 1.71\times10^{-5}$$

4. $E = E_+^{\ominus} - E_-^{\ominus}$

$$E_-^{\ominus} = 0 - 0.052 = -0.052(\text{V})$$

$$E_-^{\ominus} = E^{\ominus}(\text{Cu}^{2+}/\text{Cu}) + \frac{RT}{nF}\ln[b(\text{Cu}^{2+})/b^{\ominus}]$$

$$b(\text{Cu}^{2+}) = \frac{b[\text{Cu}(\text{NH}_3)_4]^{2+}}{K_{\text{s}}[b(\text{NH}_3)]^4} = \frac{1}{K_{\text{s}}}$$

$$E_-^{\ominus} = E^{\ominus}(\text{Cu}^{2+}/\text{Cu}) + \frac{RT}{nF}\ln\frac{1}{K_{\text{s}}}$$

$$\ln K_{\text{稳}} = \frac{nF}{RT}[E^{\ominus}(\text{Cu}^{2+}/\text{Cu}) - E_-^{\ominus}] = \frac{2\times96500}{8.314\times298}\times(0.342 + 0.052) = 30.69$$

$$K_{\text{稳}} = 2.13\times10^{13}$$

5. 电解镍盐溶液时，阴极可能发生的反应为

$$\text{Ni}^{2+}(\text{aq}) + 2\text{e}^- === \text{Ni}(\text{s})$$

$$2\text{H}^+(\text{aq}) + 2\text{e}^- === \text{H}_2(\text{g})$$

镍的析出电势：

$$E(\text{Ni}^{2+}/\text{Ni}) = E^{\ominus}(\text{Ni}^{2+}/\text{Ni}) + \frac{0.059}{2}\lg[b(\text{Ni}^{2+})/b^{\ominus}] = -0.257 + \frac{0.059}{2}\times\lg0.10 = -0.29(\text{V})$$

氢的析出电势：

$$E(\text{H}^+/\text{H}_2) = E^{\ominus}(\text{H}^+/\text{H}_2) + \frac{0.059}{2}\lg[b(\text{H}^+)/b^{\ominus}]^2 - \eta(\text{阴}) = 0.059\lg b(\text{H}^+) - 0.21\text{V}$$

为使氢气不断析出，需满足：$E(\text{Ni}^{2+}/\text{Ni}) \geqslant E(\text{H}^+/\text{H}_2)$

即 $-0.29\text{V} \geqslant 0.059\lg b(\text{H}^+) - 0.21\text{V}$

$$b(\text{H}^+) \leqslant 0.044\,\text{mol}\cdot\text{kg}^{-1}$$

$$\text{pH} = -\lg b(\text{H}^+) \geqslant -\lg0.044 = 1.36$$

故溶液的最小 pH 为 1.36

6. ① $(-)\text{Pt}|\text{H}_2(100\text{kPa})|\text{H}^+(1\text{mol}\cdot\text{kg}^{-1})\,||\,\text{Ag}^+(0.1\text{mol}\cdot\text{kg}^{-1})\,|\,\text{Ag}(+)$

② $E = E^{\ominus}(\text{Ag}^+/\text{Ag}) + 0.059\lg[b(\text{Ag}^+)/b^{\ominus}] - 0 = 0.8 + 0.059\times(-1) = 0.74(\text{V})$

$$\Delta_{\text{r}}G_{\text{m}}^{\ominus} = -RT\ln K^{\ominus} = -nFE^{\ominus}$$

$$K^{\ominus} = \text{e}^{\frac{2\times96500\times0.74}{8.314\times298}} = 1.08\times10^{25}$$

$$\Delta_r G_m^{\ominus} = -2 \times 96500 \times 0.74 \div 1000 = -142.82 (\text{kJ} \cdot \text{mol}^{-1})$$

7. $E = E_+ - E_-$

$$E_- = E_+ - E = -0.138 - 0.218 = -0.356(\text{V})$$

$$E_- = E^{\ominus}(\text{Pb}^{2+}/\text{Pb}) + \frac{0.0592}{2}\lg[b(\text{Pb}^{2+})/b^{\ominus}] - 0.356\text{V} = -0.126\text{V} + \frac{0.0592}{2}\lg K_{sp}$$

$$K_{sp} = 1.7 \times 10^{-8}$$

8. $E(\text{H}^+/\text{H}_2) = 0\text{V}$

$$E(\text{Ni}^{2+}/\text{Ni}) = E^{\ominus}(\text{Ni}^{2+}/\text{Ni}) + \frac{0.059}{2}\lg\frac{b(\text{Ni}^{2+})}{b^{\ominus}} = E^{\ominus}(\text{Ni}^{2+}/\text{Ni}) - 0.059$$

$$E = E(\text{H}^+/\text{H}_2) - E(\text{Ni}^{2+}/\text{Ni}) = 0.32\text{V}$$

$$0\text{V} - [E^{\ominus}(\text{Ni}^{2+}/\text{Ni}) - 0.059] = 0.32\text{V}$$

$$E^{\ominus}(\text{Ni}^{2+}/\text{Ni}) = -0.26\text{V}$$

9. 阴极反应： $\text{H}_2\text{O} + \dfrac{1}{2}\text{O}_2 + 2\text{e}^- \Longrightarrow 2\text{OH}^-$

$$\varphi_{(理)} = \varphi^{\ominus} - \frac{0.05917}{2}\lg\frac{[b(\text{OH}^-)]}{[p_{\text{O}_2}/p^{\ominus}]} = 0.401 - \frac{0.05917}{2}\times\lg\frac{(10^{-7.5})^2}{(100/100)^{1/2}} = 0.8448(\text{V})$$

$$\eta = |\varphi_{实} - \varphi_{理}| = |1.23 - 0.8448| = 0.385(\text{V})$$

10. $m_{\text{Cu}} = nM = \dfrac{QM}{F} = \dfrac{ItM}{F} = \dfrac{5000 \times 2 \times 3600 \times \dfrac{1}{2} \times 63.55 \times 10^{-3}}{96485} = 11.86(\text{kg})$

11. $\text{HAc} \Longleftrightarrow \text{H}^+ + \text{Ac} \Rightarrow b(\text{Ac}^-) = \sqrt{b(\text{HAc})K_a} = \sqrt{0.1K_a}$

$$\text{Pb}(\text{IO}_3)_2 \Longleftrightarrow \text{Pb}^{2+} + 2\text{IO}_3^- \Longrightarrow b(\text{Pb}^{2+}) = K_{sp}^{\ominus}/0.16$$

电池反应： $2\text{HAc}(\text{aq}) + \text{Pb}(\text{s}) \Longrightarrow \text{Pb}^{2+}(\text{aq}) + 2\text{Ac}^-(\text{aq}) + \text{H}_2(\text{g})$

$$E = E^{\ominus} - \frac{0.05917}{2}\lg\frac{b(\text{Pb}^{2+})[b(\text{Ac}^-)]^2(p_{\text{H}_2}/p^{\ominus})}{[b(\text{HAc})]^2}$$

$$0.366 = [0 - (-0.13)] - \frac{0.05917}{2}\lg\frac{(K_{sp}^{\ominus}/0.16) \times 0.1 \times 1.8 \times 10^{-5} \times (180/100)}{0.1^2}$$

解得 $K_{sp}^{\ominus} = 5.2 \times 10^{-6}$

12. 设 $b(\text{Ag}^+)$ 为 s

$$\varphi^{\ominus}(\text{AgBr}/\text{Ag}) = \varphi^{\ominus}(\text{Ag}^+/\text{Ag}) - 0.05917\lg(1/s^2)$$

即： $0.073 = 0.799 + 0.05917\lg s^2 \Longrightarrow s^2 = 5.37 \times 10^{-13}$

$$K_{sp}^{\ominus} = s^2 = 5.37 \times 10^{-13}$$

13. $E^{\ominus} = \varphi_+^{\ominus} + \varphi_-^{\ominus} = \varphi^{\ominus}(\text{Fe}^{3+}/\text{Fe}^{2+}) - \varphi^{\ominus}(\text{Sn}^{4+}/\text{Sn}^{2+}) = 0.771 - 0.151 = 0.620(\text{V}) > 0$ 正向
进行

$$\Delta_r G_m^{\ominus} = -nFE^{\ominus} = -2 \times 96485 \times 0.620 \times 10^{-3} = -119.64(\text{kJ} \cdot \text{mol}^{-1})$$

14. $E^{\ominus} = E^{\ominus}(\text{H}_3\text{AsO}_4/\text{H}_3\text{AsO}_3) - E^{\ominus}(\text{I}_2/\text{I}^-) = 0.56 - 0.536 = 0.024(\text{V})$

（1） $\Delta_r G_m^{\ominus} = -nFE^{\ominus} = -2 \times 96500 \times 0.024 \div 1000 = -4.63(\text{kJ} \cdot \text{mol}^{-1}) < 0$

故在标准状态下，反应正向进行。

（2）pH=6时，

$$E(H_3AsO_4 / H_3AsO_3) = E^{\ominus}(H_3AsO_4 / H_3AsO_3) + \frac{0.059}{2}\lg\left[\frac{b(H^+)}{b^{\ominus}}\right]^2$$
$$= 0.56 + 0.059 \times (-6) = 0.206(V)$$

$$E(I_2 / I^-) = E^{\ominus}(I_2 / I^-) = 0.536V$$

$$\Delta_r G_m^{\ominus} = -nFE = -2 \times 96500 \times (0.206 - 0.536) \div 1000 = 63.69(kJ \cdot mol^{-1}) > 0$$

故此时反应逆向进行。

15. （1） $E^{\ominus} = \varphi_+^{\ominus} - \varphi_-^{\ominus} = \varphi^{\ominus}(Fe^{3+} / Fe^{2+}) - \varphi^{\ominus}(I_2 / I^-) = 0.771 - 0.5335 = 0.2375(V)$

（2） $\Delta_r G_m^{\ominus} = -nFE^{\ominus} = -2 \times 96485 \times 0.2375 \times 10^{-3} = -45.83(kJ \cdot mol^{-1})$

（3） $(-)Pt|I_2(s)|I^-(b_3) \| Fe^{2+}(b_1), \quad Fe^{3+}(b_2)|Pt(+)$

（4） $E = E^{\ominus} - \frac{0.05917}{2}\lg\frac{[b(Fe^{2+})]^2}{[b(Fe^{3+})]^2[b(I^-)]^2} = 0.2375 - \frac{0.05917}{2} \times \lg\frac{10^2}{(10^{-2})^2} = 0.06(V)$

16. （1） $(-)Sn|Sn^{2+}(0.0100mol \cdot L^{-1})\|Pb^{2+}(1.00mol \cdot L^{-1})|Pb(+)$

$$Pb^{2+} + Sn =\!=\!= Pb + Sn^{2+}$$

正极： $Pb^{2+} + 2e^- =\!=\!= Pb$

负极： $Sn - 2e^- =\!=\!= Sn^{2+}$

$$E = (\varphi_+^{\ominus} + \varphi_-^{\ominus}) - \frac{0.05917}{2}\lg\frac{b(Sn^{2+})}{b(Pb^{2+})} = [-0.1262 - (-0.1375)] - \frac{0.05917}{2} \times \lg\frac{0.01}{1.00}$$
$$= 0.0705(V)$$

（2） $(-)Pb|Pb^{2+}(0.0100mol \cdot L^{-1})\|Sn^{2+}(1.00mol \cdot L^{-1})|Sn(+)$

$$Pb + Sn^{2+} =\!=\!= Pb^{2+} + Sn$$

正极： $Sn^{2+} + 2e^- =\!=\!= Sn$

负极： $Pb - 2e^- =\!=\!= Pb^{2+}$

$$E = (\varphi_+^{\ominus} - \varphi_-^{\ominus}) - \frac{0.05917}{2}\lg\frac{b(Pb^{2+})}{b(Sn^{2+})} = [-0.1375 - (-0.1262)] - \frac{0.05917}{2} \times \lg\frac{0.100}{1.00}$$
$$= 0.01828(V)$$

本章符号说明

符号	意义
Δp	溶剂的蒸气压下降
x_B	溶质的摩尔分数
p_A	纯溶剂的蒸气压
ΔT_{bp}	沸点升高的温度
k_{bp}	沸点升高常数（摩尔沸点升高常数）
m	溶质的质量摩尔浓度
ΔT_{fp}	凝固点降低的温度

k_{fp}	凝固点降低常数（摩尔凝固点降低常数）
Π	渗透压
V	溶液的体积
n_B	溶质的物质的量
R	理想气体常数
T	热力学温度
$\varphi^{\ominus}$	标准电极电势
$K_{稳}$	配合物的累积稳定常数
K_{sp}	溶度积
$K_S^{\ominus}$	标准状态的溶度积
$\Delta_r G_m^{\ominus}$	标准摩尔反应吉布斯函数变
n	反应电子转移数量
F	法拉第常数
E	电动势
$E^{\ominus}$	标准电极电势
$E_{(+)}^{\ominus}$	正极标准电极电势
$E_{(-)}^{\ominus}$	负极标准电极电势
$E_{(+)}$	正极的电极电势
$E_{(-)}$	负极的电极电势
Ox	氧化态
Red	还原态
$b^{\ominus}$	热力学标准态浓度
b	浓度

第 2 章

舰船水质使用及分析检测

2.1 舰船水质分析

知识要点回顾

1）重要的基本概念

酸、碱解离常数；共轭酸碱对；同离子效应；缓冲溶液。

2）主要基本定律和应用

酸碱质子理论；多项离子平衡关系；缓冲溶液及缓冲原理。

3）主要计算公式

（1）一元弱酸（碱）解离平衡

$$\alpha = \sqrt{\frac{K_a}{b}} \quad （稀释定律）$$

（2）缓冲溶液

$$pH = pK_a + \lg \frac{b_{碱}}{b_{酸}}$$

$$pOH = pK_b - \lg \frac{b_{碱}}{b_{酸}} \quad 或 \quad pH = 14 - pK_b + \lg \frac{b_{碱}}{b_{酸}}$$

4）基本要求

（1）熟练掌握

① 酸碱质子理论；

② 酸碱解离平衡计算；

③ 缓冲溶液的原理；

④ 缓冲溶液 pH 值的计算。

（2）正确理解

解离常数的含义、共轭酸碱对、同离子效应、缓冲溶液的原理。

（3）一般了解

解离度、多级弱酸碱离子平衡等内容。

2.2 舰船水质检测

知识要点回顾

1）重要的基本概念

配离子稳定常数和不稳定常数；溶度积；溶度积规则；缓冲溶液和溶度积的计算及应用。

2）主要基本定律和应用

酸碱质子理论；多项离子平衡关系；缓冲溶液及缓冲原理。

3）主要计算公式

（1）溶度积与溶解度的转换

对于沉淀：
$$A_mB_n(s) \rightleftharpoons mA^{n+}(aq) + nB^{m-}(aq)$$

$$K_{sp} = b^m(A^{n+})b^n(B^{m-}) = S^{m+n}$$

（2）溶度积

$$K_{sp} = [b^{eq}(A^{n+})]^m[b^{eq}(B^{m-})]^n$$

4）基本要求

（1）熟练掌握

① 缓冲溶液的原理及有关计算（缓冲溶液的配制）；

② 溶度积和溶解度的换算、溶度积规则。

（2）正确理解

酸碱电离理论和酸碱电子理论；配离子的解离平衡；多元酸、碱的解离平衡。

（3）一般了解

水质的污染与防护等内容。

典型案例分析

【例 2-1】试计算浓度为 $0.10\text{mol} \cdot \text{kg}^{-1}$ 的 HAc 溶液中的 H_3O^+ 的浓度、HAc 的解离度及溶液的 pH 值（已知 HAc 的 $K_a^\ominus = 1.76 \times 10^{-5}$）。

解：

根据公式 $b^{eq}(H_3O^+) \approx \sqrt{K_a^\ominus b_0}$ ，得

$b^{eq}(H_3O^+) \approx \sqrt{1.76 \times 10^{-5} \times 0.10} = 1.33 \times 10^{-3}(\text{mol} \cdot \text{kg}^{-1})$

$\alpha = b^{eq}(H_3O^+) / b_0 = 1.33 \times 10^{-2}$

$pH = -lg[b^{eq}(H_3O^+)] = 2.88$

答：HAc 溶液中的 H_3O^+ 的浓度为 $1.33 \times 10^{-3} mol \cdot kg^{-1}$、解离度为 1.33×10^{-2} 及 pH 值为 2.88。

【例 2-2】已知室温下 H_2S 的 $K_{a1}^{\ominus} = 9.1 \times 10^{-8}$、$K_{a2}^{\ominus} = 1.1 \times 10^{-12}$，试计算 H_2S 饱和溶液（H_2S 的饱和溶液浓度为 $0.10 mol \cdot kg^{-1}$）的 pH 值及 S^{2-} 的浓度。

解：

设平衡时 H_2S 的质子转移浓度为 x、S^{2-} 浓度为 y，根据 $K_{a1}^{\ominus}$ 和 $K_{a2}^{\ominus}$ 的定义式有：

$$H_2S(aq) + H_2O(l) \rightleftharpoons H_3O^+(aq) + HS^-(aq)$$

平衡浓度/（$mol \cdot kg^{-1}$）$\quad 0.10-x \qquad\qquad x+y \qquad x-y$

$$HS^-(aq) + H_2O(l) \rightleftharpoons H_3O^+(aq) + S^{2-}(aq)$$

平衡浓度/（$mol \cdot kg^{-1}$）$\quad x-y \qquad\qquad x+y \qquad y$

$$K_{a1}^{\ominus} = \frac{[b^{eq}(H_3O^+) / b^{\ominus}][b^{eq}(HS^-) / b^{\ominus}]}{b^{eq}(H_2S) / b^{\ominus}} = \frac{(x+y)(x-y)}{0.10-x} = 9.1 \times 10^{-8} \quad （忽略单位运算）$$

$$K_{a2}^{\ominus} = \frac{[b^{eq}(H_3O^+) / b^{\ominus}][b^{eq}(S^{2-}) / b^{\ominus}]}{b^{eq}(HS^-) / b^{\ominus}} = \frac{(x+y)y}{x-y} = 1.1 \times 10^{-12} \quad （忽略单位运算）$$

x 和 y 精确的解可通过上述两个方程式求解得到。事实上，因为 $K_{a1}^{\ominus} \gg K_{a2}^{\ominus}$ 且 $K_{a1}^{\ominus}$ 很小，第二级质子转移产生的水合质子的量可以忽略不计，即 $x+y \approx x$，$x-y \approx x$，且 $0.10-x \approx 0.10$，所以

$$b^{eq}(H_3O^+) = x + y \approx x = \sqrt{K_{a1}^{\ominus} b_0 b^{\ominus}} = \sqrt{9.1 \times 10^{-8} \times 1 \times 0.1}$$
$$= 9.5 \times 10^{-5} (mol \cdot kg^{-1})$$
$$pH = 4.0$$
$$b^{eq}(S^{2-}) = y \approx K_{a2}^{\ominus} = 1.1 \times 10^{-12} (mol \cdot kg^{-1})$$

答：室温下饱和 H_2S 水溶液的 pH 值为 4.0，S^{2-} 的浓度为 $1.1 \times 10^{-12} mol \cdot kg^{-1}$。

【例 2-3】向浓度为 $0.10 mol \cdot kg^{-1}$ 的 HAc 溶液中加入固体 NaAc，使 NaAc 的浓度达 $0.10 mol \cdot kg^{-1}$，求该溶液的 H_3O^+ 浓度、HAc 的解离度以及溶液的 pH 值（已知 HAc 的 $K_a^{\ominus} = 1.76 \times 10^{-5}$）。

解：

设加入 NaAc 后，溶液的 H_3O^+ 平衡浓度为 x。根据 HAc 的质子转移平衡：

$$HAc(aq) + H_2O(l) \rightleftharpoons H_3O^+(aq) + Ac^-(aq)$$

起始浓度/（$mol \cdot kg^{-1}$）$\quad 0.10 \qquad\qquad\qquad\qquad 0.10（NaAc 浓度）$

平衡浓度/（$mol \cdot kg^{-1}$）$\quad 0.10-x \qquad\qquad x \qquad 0.10+x$

$$K_a^\ominus = [b^{eq}(H_3O^+)/b^\ominus][b^{eq}(Ac^-)/b^\ominus][b^{eq}(HAc)/b^\ominus]^{-1}$$

$$= \frac{x(0.1+x)}{0.1-x}$$

$$= 1.76\times10^{-5}(忽略单位运算)$$

因为 $K_a^\ominus$ 很小，且 NaAc 的加入抑制了 HAc 的解离，$0.10+x\approx0.10$，$0.10-x\approx0.10$，则

$$x=1.76\times10^{-5}mol\cdot kg^{-1}$$

$$pH=4.75$$

$$\alpha=b^{eq}(H_3O^+)/b_0=1.76\times10^{-4}$$

答：HAc 溶液中的 H_3O^+ 的浓度为 $1.76\times10^{-5}mol\cdot kg^{-1}$、解离度为 1.76×10^{-4} 及溶液的 pH 值为 4.75。

【例 2-4】计算 $0.1mol\cdot kg^{-1}$HAc-$0.1mol\cdot kg^{-1}$NaAc 缓冲溶液的 pH 值；若向 100g 该溶液中加入 1g $1mol\cdot kg^{-1}$ 的 HCl 的溶液后，计算此溶液 pH 值（已知 HAc 的 $K_a^\ominus=1.76\times10^{-5}$）。

解：

对于 HAc-NaAc 缓冲溶液，根据缓冲溶液 pH 的计算公式可得：

$$pH = pK_a^\ominus - lg\frac{b(HA)}{b(A^-)} = pK_a^\ominus - lg\frac{0.1}{0.1} = pK_a^\ominus = 4.75$$

在缓冲溶液加入 HCl 溶液后，HCl 与 Ac^- 反应生成 HAc，Ac^- 浓度降低，HAc 浓度增加，因此，有：

$$b(HAc)=\frac{0.1\times100+1\times1}{100+1}\approx0.11(mol\cdot kg^{-1})$$

$$b(Ac^-)=\frac{0.1\times100-1\times1}{100+1}\approx0.09(mol\cdot kg^{-1})$$

$$pH = pK_a^\ominus - lg\frac{b(HAc)}{b(Ac^-)} = pK_a^\ominus - lg\frac{0.11}{0.09} = 4.66$$

答：缓冲溶液的 pH 值为 4.75，加入 HCl 后溶液的 pH 值为 4.66。

【例 2-5】298.15K 时 AgCl 的溶解度为 $1.90\times10^{-3}g\cdot kg^{-1}$。求该温度下 AgCl 的溶度积。

解：

按题意，AgCl 的溶解度 $S=1.90\times10^{-3}/143.4=1.32\times10^{-5}(mol\cdot kg^{-1})$

因为 AgCl 为强电解质，故平衡时，$b^{eq}(Ag^+)=b^{eq}(Cl^-)=S=1.32\times10^{-5}(mol\cdot kg^{-1})$

$K_{sp}^\ominus(AgCl)=[b^{eq}(Ag^+)/b^\ominus][b^{eq}(Cl^-)/b^\ominus]=1.74\times10^{-10}$

答：298.15K 时 AgCl 的溶度积为 1.74×10^{-10}。

【例 2-6】已知 298.15K 时 $K_{sp}^\ominus(Ag_2CrO_4)=9.0\times10^{-12}$，求铬酸银在水中的溶解度（$mol\cdot kg^{-1}$）。

解：

设铬酸银的溶解度为 S。根据铬酸银的沉淀溶解平衡：

$$Ag_2CrO_4(s) \rightleftharpoons 2Ag^+(aq) + CrO_4^{2-}(aq)$$

平衡浓度/（mol·kg^{-1}） $2S$ S

根据溶度积得到定义，

$$K_{sp}^{\ominus}(Ag_2CrO_4)=[b^{eq}(Ag^+)/b^{\ominus}]^2[b^{eq}(CrO_4^{2-})/b^{\ominus}]=4S^3=9.0\times10^{-12}$$

$$S=1.31\times10^{-4}mol\cdot kg^{-1}$$

答：298.15K 时铬酸银的溶解度为 $1.31\times10^{-4}mol\cdot kg^{-1}$。

【例 2-7】求 298.15K 时 AgCl 在纯水中以及在 0.01mol·kg^{-1}CaCl$_2$ 溶液中的溶解度。

解：

设 AgCl 在水中的溶解度为 S_1，查表可知，$K_{sp}^{\ominus}(AgCl)=1.77\times10^{-10}$

则 $K_{sp}^{\ominus}(AgCl)=S_1^2$，$S_1=1.33\times10^{-5}mol\cdot kg^{-1}$

设 AgCl 在 0.01mol·kg^{-1}CaCl$_2$ 溶液中的溶解度为 S_2，已知 $b(Cl^-)=0.02mol\cdot kg^{-1}$，根据 AgCl 的沉淀溶解平衡：

$$AgCl(s)\rightleftharpoons Ag^+(aq)+Cl^-(aq)$$

平衡浓度/（mol·kg^{-1}） S_2 $(0.02+S_2)$

$$K_{sp}^{\ominus}(AgCl)=[b^{eq}(Ag^+)/b^{\ominus}][b^{eq}(Cl^-)/b^{\ominus}]=S_2(S_2+0.02)\approx0.02S_2=1.77\times10^{-10}$$

$$S_2=8.85\times10^{-9}mol\cdot kg^{-1}$$

答：AgCl 在纯水和 0.01mol·kg^{-1}CaCl$_2$ 溶液中的溶解度分别是 $1.33\times10^{-5}mol\cdot kg^{-1}$ 和 $8.85\times10^{-9}mol\cdot kg^{-1}$。

【例 2-8】在含有 0.1mol·kg^{-1}NaCl 和 0.01mol·kg^{-1}K$_2$CrO$_4$ 的混合液中逐滴加入 AgNO$_3$ 溶液，假定溶液体积的变化可忽略不计。问：（1）AgCl 先沉淀还是 Ag$_2$CrO$_4$ 先沉淀？（2）当 AgCl 和 Ag$_2$CrO$_4$ 开始共同沉淀时，溶液中氯离子浓度为多少？

解：

（1）根据溶度积的定义并查表可得：

$$K_{sp}^{\ominus}(AgCl)=[b^{eq}(Ag^+)/b^{\ominus}][b^{eq}(Cl^-)/b^{\ominus}]=1.77\times10^{-10}$$

$$K_{sp}^{\ominus}(Ag_2CrO_4)=[b^{eq}(Ag^+)/b^{\ominus}]^2[b^{eq}(CrO_4^{2-})/b^{\ominus}]=9.0\times10^{-12}$$

由此可求出，欲使溶液中的氯离子沉淀析出，所需的 Ag$^+$ 浓度至少为

$$b(Ag^+)/b^{\ominus}=K_{sp}^{\ominus}(AgCl)/[b(Cl^-)/b^{\ominus}]=1.77\times10^{-10}/0.1=1.77\times10^{-9}$$

$$b(Ag^+)=1.77\times10^{-9}mol\cdot kg^{-1}$$

欲使溶液中的铬酸根离子沉淀析出，所需的 Ag$^+$ 浓度至少为

$$b(Ag^+)/b^{\ominus}=\sqrt{K_{sp}^{\ominus}(Ag_2CrO_4)/[b(CrO_4^{2-})/b^{\ominus}]}=\sqrt{9.0\times10^{-12}/0.01}=3.0\times10^{-5}$$

$$b(Ag^+)=3.0\times10^{-5}mol\cdot kg^{-1}$$

因此 AgCl 先沉淀析出。

（2）当 Ag$_2$CrO$_4$ 开始沉淀时，$b(Ag^+)=3.0\times10^{-5}mol\cdot kg^{-1}$

$$b(Cl^-)/b^{\ominus}=K_{sp}^{\ominus}(AgCl)/[b(Ag^+)/b^{\ominus}]=1.77\times10^{-10}/(3.0\times10^{-5})=5.9\times10^{-6}$$

$$b(\text{Cl}^-)=5.9\times10^{-6}\text{mol}\cdot\text{kg}^{-1}$$

答： AgCl 先沉淀。当氯化银和铬酸银开始共同沉淀时，溶液中氯离子浓度为 $5.9\times10^{-6}\text{mol}\cdot\text{kg}^{-1}$。

🎤 提高强化应用

一、单项选择题

1. 用 HCl 标准溶液滴定 $0.1\text{mol}\cdot\text{L}^{-1}$ 的 A^{2-}（H_2A 的 $\text{p}K_{a1}^{\ominus}=3.0$，$\text{p}K_{a2}^{\ominus}=13.0$），可选用的最合适的指示剂 $\text{p}K_{\text{HIn}}^{\ominus}$ 应是（   ）。

    A．1.7   B．3.4   C．5.0   D．8.3

2. 下列物质中（$c=0.1\text{mol}\cdot\text{L}^{-1}$），能用 HCl 直接滴定的是（   ）。

    A．$\text{Na}_2\text{C}_2\text{O}_4$ B．NH_4Cl C．HF   D．NaHS

3. 用酸碱滴定法测定碳酸钠的含量时，若以甲基橙为指示剂，HCl 标准溶液为滴定剂，为使 $0.1000\text{mol}\cdot\text{L}^{-1}$ HCl 溶液所消耗的体积（mL）恰好等于碳酸钠的含量，则应取碳酸钠的量为（   ）。

    A．0.2650g   B．0.3600g   C．0.5300g   D．0.6400g

4. 若用甲醛法测定铵盐中的氨。以 $0.1000\text{mol}\cdot\text{L}^{-1}$ 的 NaOH 溶液滴定含 0.4g 铵盐的溶液时，耗去 25.00mL NaOH，则试样中 NH_3 含量为（   ）。

    A．11%   B．13%   C．16%   D．18%   E．21%

5. 现有浓度为 $0.2000\text{mol}\cdot\text{L}^{-1}$ 的 NaOH 溶液 100mL，从空气中吸收了 $2.00\times10^{-3}\text{mol}$ 的 CO_2，若以酚酞为指示剂，用 HCl 标定时，NaOH 的物质的量浓度为（   ）。

    A．$0.1600\text{mol}\cdot\text{L}^{-1}$ B．$0.1800\text{mol}\cdot\text{L}^{-1}$

    C．$0.1980\text{mol}\cdot\text{L}^{-1}$ D，$0.2200\text{mol}\cdot\text{L}^{-1}$

6. 配制 NaOH 标准溶液的试剂中含有少量 Na_2CO_3。当用 HCl 标准溶液标定该 NaOH 溶液时，以甲基橙作指示剂标得浓度为 c_1，以酚酞作指示剂标得浓度为 c_2，则（   ）。

    A．$c_1<c_2$ B．$c_1>c_2$

    C．$c_1=c_2$ D．不能确定

7. AsO_4^{3-} 是一种离子碱。它的 $\text{p}K_{b3}^{\ominus}$ 为（   ）。

    A．11.7   B．2.7   C．7.2   D．11.3   E．9.3

8. 标定 $0.1\text{mol}\cdot\text{L}^{-1}$ HCl 时，用 Na_2CO_3 作基准物，应称取 Na_2CO_3 的质量范围为（   ）。

    A．0.2～0.3g   B．0.05～0.07g

    C．0.34～0.4g   D．0.11～0.16g

9. 用 NaOH 滴定 HAc（$\sqrt{K_a^{\ominus}}=1.74\times10^{-5}$），在化学计量点时，$[\text{H}^+]$ 的计算公式为（   ）。

    A．$\sqrt{K_a^{\ominus}c_{\text{HAc}}}$ B．$\sqrt{K_a^{\ominus}\dfrac{c_{\text{HAc}}}{c_{\text{Ac}}^-}}$

    C．$\sqrt{K_W^{\ominus}/K_a^{\ominus}c_{\text{Ac}}^-}$ D．$\sqrt{K_a^{\ominus}K_W^{\ominus}/c_{\text{Ac}}^-}$

10. 下列说法正确的是（   ）。

A．物质的量浓度相等的酸和碱反应后，其溶液呈中性

B．纯水加热至 100℃时，$K_W^{\ominus} = 5.8 \times 10^{-13}$。故 $[H^+] = 7.6 \times 10^{-7}$，溶液呈弱酸性

C．氯化氢气体在干燥条件下，不能使蓝色石蕊试纸变红

D．$NaHCO_3$ 中含有氢，故其水溶液呈酸性

11．pH = 7.21 的 H_3PO_4 溶液中有关组分平衡浓度的关系应该是（　　）。

A．$[H_3PO_4] = [H_2PO_4^-]$　　　　　　　B．$[H_2PO_4^-] = [HPO_4^{2-}]$

C．$[HPO_4^{2-}] > [H_2PO_4^-]$　　　　　　D．$[H_4PO_4] > [HPO_4^{2-}]$

12．下列滴定曲线中，哪一条是强碱滴定弱酸的滴定曲线？（　　）。

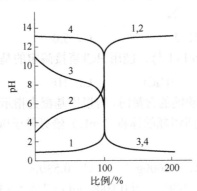

A．曲线 1　　　　B．曲线 2　　　　C．曲线 3　　　　D．曲线 4

13．用 0.1mol·L^{-1}NaOH 滴定 0.10mol·L^{-1}HCl 至酚酞变红 (pH = 9.0) 时，终点误差为（　　）。

A．+0.02%　　　B．+0.01%　　　C．−0.02%　　　D．−0.01%

14．已知某溶液的 pH 值为 11.90，其氢氧根离子浓度的正确值为（　　）。

A．1×10^{-2}mol·L^{-1}　　　　　　B．7.9×10^{-3}mol·L^{-1}

C．7.94×10^{-3}mol·L^{-1}　　　　D．7.943×10^{-3}mol·L^{-1}

15．下列配离子中无色的是（　　）。

A．$[Cu(NH_3)_4]^{2+}$　　　　　　　　B．$[Cu(en)_2]^{2+}$

C．$[CuCl_4]^{2-}$　　　　　　　　　　D．$[Cd(NH_3)_4]^{2+}$

16．下列具有不同 d^x 电子构型的离子，在八面体弱场中具有最大的晶体场稳定能的是（　　）。

A．d^1　　　　　B．d^2　　　　　C．d^3　　　　　D．d^4

17．下列配离子中，几何构型不为正八面体的是（　　）。

A．$[Fe(H_2O)_6]^{2+}$　　　　　　　　B．$[Fe(CN)_6]^{3-}$

C．$[Co(H_2O)_6]^{2+}$　　　　　　　　D．$[Cu(NH_3)_4(H_2O)_2]^{2+}$

18．在 0.20mol·L^{-1}[Ag(NH_3)_2]Cl 溶液中，加入等体积的水稀释（忽略离子强度影响），则下列各物质的浓度为原来浓度的 $\frac{1}{2}$ 的是（　　）。

A．$c\{[Ag(NH_3)_2]Cl\}$　　　　　　B．解离达平衡时 $c(Ag^+)$

C. 解离达平衡时 $c(NH_3 \cdot H_2O)$ D. $c(Cl^-)$

19. 对于配合物中心体的配位数，说法不正确的是（   ）。
     A. 直接与中心体键合的配位体的数目
     B. 直接与中心体键合的配位原子的数目
     C. 中心体接受配位体的孤对电子的对数
     D. 中心体与配位体所形成的配价键数

20. 比较下列各对配合物的稳定性，错误的是（   ）。
     A. $[Fe(CN)_6]^{3-} > [Fe(C_2O_4)_3]^{3-}$ B. $[HgCl_4]^{2-} > [HgI_4]^{2-}$
     C. $[AlF_6]^{3-} > [AlBr_6]^{3-}$ D. $[Al(OH)_4]^- > [Zn(OH)_4]^{2-}$

21. 下列物质中具有顺磁性的是（   ）。
     A. Cu^+ B. N_2 C. $Fe(CN)_6^{4-}$ D. O_2^+

22. 根据配合物的稳定性，判断下列反应逆向进行的是（   ）。
     A. $[HgCl_4]^{2-} + 4I^- \rightleftharpoons [HgI_4]^{2-} + 4Cl^-$
     B. $[Ag(CN)_2]^- + 2NH_3 \rightleftharpoons [Ag(NH_3)_2]^+ + 2CN^-$
     C. $[Cu(NH_3)_4]^{2+} + 4H^+ \rightleftharpoons Cu^{2+} + 4NH_4^+$
     D. $[Fe(C_2O_4)_3]^{3-} + 6CN^- \rightleftharpoons [Fe(CN)_6]^{3-} + 3C_2O_4^{2-}$

23. HCN的解离常数为 K_a，AgCl的溶度积常数为 K_{sp}，$Ag(CN)_2^-$ 的稳定常数为 $K_稳$，反应 $AgCl + 2HCN \rightleftharpoons Ag(CN)_2^- + 2H^+ + Cl^-$ 的平衡常数 K 为（   ）。
     A. $K_a K_{sp} K_稳$ B. $K_a + K_{sp} + K_稳$
     C. $2K_a + K_{sp} + K_稳$ D. $K_a^2 K_{sp} K_稳$

24. 下列配合物中，除存在几何异构体外，还存在旋光异构体的为（   ）。
     A. $Pt(NH_3)_2Cl_2$ B. $[Co(NH_3)_2Cl_2]Cl$
     C. $[Co(en)_2Cl_2]Cl$ D. $Pt\,Cl\,Br\,NH_3\,Py$

25. 下列配合物中，不可能存在旋光异构体的为（   ）。
     A. $Pt\,Cl_2(OH)_2(NH_3)_2$ B. $K_3[Cr(C_2O_4)_3]$
     C. $[Co(en)_2Cl_2]Cl$ D. $Pt\,Cl\,NO_2(NH_3)_2$

26. 已知 $[Ni(en)_3]^{2+}$ 的 $K_稳 = 2.14 \times 10^{18}$，将 $2.00mol \cdot L^{-1}$ 的en溶液与 $0.200mol \cdot L^{-1}$ 的 $NiSO_4$ 溶液等体积混合，则平衡时，$[Ni^{2+}] = $（   ）。
     A. $1.36 \times 10^{-18}mol \cdot L^{-1}$ B. $1.36 \times 10^{-19}mol \cdot L^{-1}$
     C. $6.67 \times 10^{-20}mol \cdot L^{-1}$ D. $4.7 \times 10^{-20}mol \cdot L^{-1}$

27. 下面叙述正确的是（   ）。
     A. $[Fe(H_2O)_4(C_2O_4)]^+$ 的配位数为5
     B. 产生d-d跃迁光谱时，$[Co(CN)_6]^{3-}$ 与 $[Co(NH_3)_6]^{3+}$ 相比较，前者将吸收波长较长的光
     C. s轨道和p轨道在八面体场中发生分裂
     D. 在四面体场和八面体场中，d^2 型离子配合物不存在高低自旋之分

28. d^7 型离子低自旋八面体配合物的CFSE是（   ）。

A．－16Dq B．－18Dq C．－20Dq D．－22Dq

29．下列反应中配离子作为氧化剂的反应是（   ）。

A．$[Ag(NH_3)_2]Cl + KI \rightleftharpoons AgI\downarrow + KCl + 2NH_3$

B．$2[Ag(NH_3)_2]OH + CH_3CHO \rightleftharpoons CH_3COOH + 2Ag\downarrow + 4NH_3 + H_2O$

C．$[Cu(NH_3)_4]^{2+} + S^{2-} \rightleftharpoons CuS\downarrow + 4NH_3$

30．当0.01mol$CrCl_3\cdot 6H_2O$在水溶液中用过量硝酸银处理时，有0.02mol氯化银沉淀出来，此样品中配离子最可能的表示式是（   ）。

A．$[Cr(H_2O)_6]^{2+}$ B．$[CrCl(H_2O)_5]^{2+}$

C．$[CrCl(H_2O)_3]^{2+}$

二、填空题

1．0.2mol·L^{-1} NaHA（$K_{a1}^{\ominus} = 1.0\times10^{-3}$，$K_{a2}^{\ominus} = 1.0\times10^{-6}$），用0.2000mol·$L^{-1}$_____标准溶液滴定。在化学计量点时产物为_____，化学计量点时溶液的pH值为_____。

2．NaH_2PO_4、Na_2HPO_4混合物，若用HCl标准溶液进行滴定，当达到化学计量点时，溶液的主要组分为_____，pH值为_____，应选用_____作指示剂；若用NaOH标准溶液进行滴定，其化学计量点时溶液的主要组分为_____，pH值为_____，应选用_____作指示剂。

3．0.2mol·L^{-1}的A^{2-}的$K_{b1}^{\ominus} = 1.0\times10^{-3}$，$K_{b2}^{\ominus} = 1.0\times10^{5}$。当它用_____标准溶液滴定时，可生成_____，出现_____个pH突跃，化学计量点时溶液的pH值为_____。

4．某一物质A^{3-}，它的$K_{b1}^{\ominus} = 1.0\times10^{-1}$，$K_{b2}^{\ominus} = 1.0\times10^{-6}$，$K_{b3}^{\ominus} = 1.0\times10^{-11}$，则它的$K_{a1}^{\ominus} = $_____，$K_{a2}^{\ominus} = $_____，$K_{a3}^{\ominus} = $_____。

5．适用于滴定分析法的化学反应必须具备下列条件（1）_____；（2）_____；（3）_____；（4）_____。

6．能用直接法配制成标准溶液的物质必须具备下列条件：（1）_____；（2）_____；（3）_____。

7．作为基准物的物质必须具备条件：（1）_____；（2）_____；（3）_____；（4）_____。

8．多元酸能被分步准确滴定的条件是（1）_____；（2）_____。

9．酸碱指示剂的选择原则是_____。

10．用稀H_2SO_4滴定Na_2CO_3溶液至第二化学计量点时，溶液的质子条件式应写成_____。

11．用HCl标准溶液滴定NH_3，若分别以甲基橙和酚酞作指示剂，耗用的HCl体积分别以$V_甲$与$V_酚$表示，则$V_甲$与$V_酚$的关系是_____；若用NaOH标准溶液滴定HCl，则$V_甲$与$V_酚$的关系是_____。

12．已知甲基橙p$K_{HIn}^{\ominus} = 3.4$，当溶液pH＝3.1时，$[In^-]/[HIn]$的比值为_____；溶液pH＝4.4，$[In^-]/[HIn]$的比值为_____。依通常计算指示剂变色范围应为pH＝p$K_{HIn}^{\ominus} \pm 1$，但甲基橙实际变色范围与上式计算不符，这是由于_____。

13．HPO_4^{2-}是_____的共轭酸，又是_____的共轭碱，其水溶液的质子条件式是_____。

14．c mol·L^{-1} 的 $(NH_4)_2HPO_4$ 水溶液的物料平衡式为_____，电荷平衡式为_____。

15．0.10mol·$L^{-1}(NH_4)_2HPO_4$ 溶液的质子条件式是_____。

0.10mol·$L^{-1}H_2SO_4$ 溶液的质子条件式是_____。

16．0.10mol·$L^{-1}Na_2HPO_4$ 的近似 pH 值为_____；0.10mol·$L^{-1}NaH_2PO_4$ 的近似 pH 值为_____。（H_3PO_4 的 $pK_{a1}^{\ominus}=2.12$，$pK_{a2}^{\ominus}=7.21$，$pK_{a3}^{\ominus}=12.32$）

17．已知草酸 $H_2C_2O_4$ 的 $pK_{a1}^{\ominus}$ 和 $pK_{a2}^{\ominus}$ 分别是 1.2 和 4.2。请填写下述各种情况下溶液的 pH 值。

条件	$C_2O_4^{2-}$ 为主	$[HC_2O_4^-]$ 为最大值	$[HC_2O_4^-]=[C_2O_4^{2-}]$	$[H_2C_2O_4]=[C_2O_4^{2-}]$
pH				

18．根据下表所给的数据推断用 NaOH 滴定 HAc 至下列各点时的 pH 值。

浓度	化学计量点前 0.1%时的 pH	化学计量点时的 pH	化学计量点后 0.1%时的 pH
0.01mol·L^{-1}	7.7	8.2	8.7
0.1mol·L^{-1}			

19．1.0mol·$L^{-1}NaAc$ 与等体积的 0.10mol·$L^{-1}H_3BO_3$ 混合后，其 pH 值为_____。

20．根据下表所给数据推断用 NaOH 滴定 H_3A 至第一化学计量点及其前后 0.5%时的 pH 值。

浓度	化学计量点前 0.5%的 pH	化学计量点时的 pH	化学计量点后 0.5%的 pH
0.01mol·L^{-1}	4.3	4.6	4.9
1mol·L^{-1}			

21．用硼砂 $(Na_2B_4O_7\cdot10H_2O)$ 标定 HCl 的反应式为_____。若硼砂浓度为 0.10mol·L^{-1}，HCl 浓度为 0.20mol·L^{-1}，其化学计量点 pH 值是_____。

22．配制 NaOH 标准溶液时未除净 CO_3^{2-}，今以草酸标定其浓度后，用以测定 HAc 浓度，测得结果_____；若以 HCl 标定此 NaOH（以甲基橙作指示剂），用以测 HAc 浓度，则测得结果_____。

23．采用蒸馏法测定铵盐的含量时，预处理方法是_____，蒸馏出来的 NH_3 可用近饱和的 H_3BO_3 溶液吸收，然后用 HCl 标准溶液滴定；若用 HCl 吸收，采用 NaOH 标准溶液为滴定剂。前一方法优于后者的原因是_____，但_____（填"可以"或"不可以"）用 HAc 溶液代替 H_3BO_3 作吸收液，因为_____。

24. 某一磷酸盐试液，可以为 Na_3PO_4、Na_2HPO_4、NaH_2PO_4 或某两种可能共存的混合物，用标准酸溶液滴定至酚酞终点所消耗的酸为 V_1 / mL，继以甲基橙为指示剂又消耗酸为 V_2 / mL，根据 V_1、V_2 判断其组成。

条件	组成
(1) $V_1 = V_2$	
(2) $V_1 < V_2$	
(3) $V_1 = 0$，$V_2 > 0$	
(4) $V_1 = 0$，$V_2 = 0$	

25. 移取 25.00mL 可能含 HCl 和各种磷酸盐的混合溶液。用 $0.1000mol \cdot L^{-1}$ 的 NaOH 标准溶液标定，用甲基橙为指示剂时耗去 V_1 mL，若改用酚酞为指示剂，则耗去 NaOH V_2 mL，请填写以下溶液组成及浓度。

试液	V_1/mL	V_2/mL	组成	浓度/(mol·L^{-1})
A	0.00	16.77		
B	18.72	23.60		
C	13.12	35.19		
D	13.33	26.65		

三、问答题

1. 设计测定 H_3BO_3 和硼砂混合物中各物质的方案。

2. 用酸碱滴定法测定 H_2SO_4 和 H_3PO_4 混合液中酸的浓度。

3. 设计测定邻苯二甲酸氢钾和邻苯二甲酸混合物的方案（用各自物质的量表示结果）。（已知 邻苯二甲酸的 $K_{a1}^{\ominus} = 1.22 \times 10^{-3}$，$K_{a2}^{\ominus} = 3.91 \times 10^{-6}$）

4. 由于温度对化学平衡有明显的影响，平衡的移动可以指示温度的变化，因而可以作"化学温度计"。已知 Co^{2+} (aq) 的溶液中加入饱和 NaCl 溶液，加热，溶液由红色变为蓝色，冷却则迅速恢复为红色，据认为这是由于 $[Co(H_2O)_6]^{2+}$ 和 $[CoCl_4]^{2-}$ 分别显示不同颜色之故。

（1）请说明变色的原因；

（2）已知在 298K 时有下列热力学数据，假定 $\Delta_r H_m^{\ominus}$ 和 $\Delta_r S_m^{\ominus}$ 不随温度而变化，请估算该颜色的变化所指示的温度。

项目	$[Co(H_2O)_6]^{2+}$	Cl^-(aq)	H_2O(l)	$[CoCl_4]^{2-}$
$\Delta_f H_m^{\ominus}$ / (kJ·mol^{-1})	−58.2	−167.08	−285.83	1033.94
$S_m^{\ominus}$ / (J·mol^{-1}·K^{-1})	−113	56.73	69.91	−175.54

5．（1）给出大多数六配位物所具有的两种结构。

（2）两种结构中哪一种不常见？

（3）给出三例常见六配位结构配合物的化学式。

6．在晶体场理论的有关配位体光谱化学序列中，F^- 是最弱的配体之一，但配合离子 $[NiF_6]^{2-}$ 却是抗磁性的，试解释原因。

7．写出下列配合物的名称并给出结构：

（1）$[Zn(CN)_4]^{2-}$；（2）$[Ni(CN)_4]^{2-}$；（3）$[CoCl_4]^{2-}$；（4）$[Ni(NH_3)_6]^{2+}$。

8．试说明 $[AlF_4]^-$、$[PdCl_4]^{2-}$ 及 $[MnCl_5]^{2-}$ 等配离子在成键过程中可能采取的杂化方式。

9．已知某一粉红色固体物质的组成为 $CoCl_3 \cdot 5NH_3 \cdot H_2O$，溶于水后形成相同颜色的溶液，向此溶液中滴加 $AgNO_3$ 迅速生成 $AgCl$ 沉淀，其沉淀的物质的量为该物质物质的量的三倍，粉红色的固体加热失去全部水后成为紫色固体，其中 $NH_3:Cl:Co$ 的比例不变。紫色固体溶于水后，用 $AgNO_3$ 滴定迅速产生二倍量的 $AgCl$ 沉淀，另一倍量的 Cl^{-1} 也能缓慢地沉淀下来，试推断两种配合物内外界并命名。

10．单基配体 A 和双基配体 L-L 与中心体 M 形成的八面体配合物 $[MA_2(L-L)_2]$ 共有几种几何异构体？画出每种异构体的结构示意图。

11．预测下列各组配合物稳定性大小，并说明原因。

（1）$[Co(NH_3)_6]^{3+}$ 与 $[Co(NH_3)_6]^{2+}$；

（2）$[HgF_4]^{2-}$，$[HgCl_4]^{2-}$，$[HgBr_4]^{2-}$，$[HgI_4]^{2-}$。

12．为什么正四面体配合物绝大多数是高自旋的？

13．给以下各配离子命名：

（1）$[Zn(NH_3)_4]^{2+}$；（2）$[Co(NH_3)_3Cl_3]$；（3）$[FeF_6]^{3-}$；（4）$[Ag(CN)_2]^-$；（5）$[Fe(CN)_5NO_2]^{3-}$。

14．现有下列几对配合物，它们分别属于哪类异构现象？

（1）$[Co(NH_3)_6][Cr(CN)_6]$ 和 $[Cr(NH_3)_6][Co(CN)_6]$；

（2）$[Pd(SCN)_2(en)]$ 和 $[Pd(NCS)_2(en)]$；

（3）$[Pt(NH_3)_4SO_4]Br_2$ 和 $[Pt(NH_3)_4Br_2]SO_4$；

（4）$[CrCl(H_2O)_5]Cl_2 \cdot H_2O$ 和 $[Cr(H_2O)_6]Cl_3$；

（5）顺式 -$[PtCl_2(NH_3)_2]$ 和反式 -$[PtCl_2(NH_3)_2]$。

15．画出下列配合物几何异构体的结构图：

（1）$[Co(NO_2)_3(NH_3)_3]$；（2）$[CrCl_2(en)_2]^+$；（3）$[PtCl_2(en)]$（平面正方形）。

16．画出下列每一种配合物的结构图：

（1）顺式 -$[CoCl_4(NH_3)_2]^-$；（2）反式 -$[RuCl_2(en)_2]^+$；（3）反式 -$[PtCl_2(NH_3)_2]$；

（4）$Fe(CO)_5$；（5）$[BF_4]^-$。

17．$[NiCl_4]^{2-}$ 和 $[Ni(CN)_4]^{2-}$ 的空间构型分别为四面体形和平面正方形，试根据价键理论分别写出它们的电子排布式，判断其磁性，指出 Ni 原子的杂化轨道类型。

18．有两个组成相同的配合物，化学式均为 $CoBr(SO_4)(NH_3)_5$，但颜色不同，红色配合物加入 $AgNO_3$ 后生成 $AgBr$ 沉淀，但加入 $BaCl_2$ 后并不生成沉淀；另一个为紫色配合物，加入 $BaCl_2$ 后生成沉淀，但加入 $AgNO_3$ 后并不生成沉淀。试写出它们的结构式和命名，并简述理由。

19．画出下列金属离子的高自旋和低自旋八面体配合物的 d 电子排布图：

（1）Co^{2+}；（2）Mn^{2+}；（3）Ni^{2+}。

20．写出以下配离子的中文命名（包括顺反异构体）：

（1）$[Cr(H_2O)_6]^{3+}$；（2）$[CrCl(H_2O)_5]^{2+}$；（3）$[CrCl_2(H_2O)_4]^{+}$；（4）$[Fe(CN)_6]^{3-}$。

四、计算题

1．用 $0.1000mol \cdot L^{-1}NaOH$ 滴定 $20.00mL$ $0.050mol \cdot L^{-1}$ 的 $H_2C_2O_4$。请计算化学计量前 0.1%、化学计量点时及化学计量点后 0.1% 溶液各自的 pH 值。（已知 $H_2C_2O_4$ 的 $K_{a1}^{\ominus} = 5.9 \times 10^{-2}$，$K_{a2}^{\ominus} = 6.46 \times 10^{-5}$）

2．Na_2CO_3 和 NaOH 以 $1:2$ 的质量比混合。现称取一定量的该混合物并溶于水中。若使用同一浓度的 HCl 滴定，则当分别以酚酞和甲基橙作指示剂时，所需酸的体积比为多少？（$M_{r(NaOH)} = 40.00$，$M_{r(Na_2CO_3)} = 106.0$）

3．用 $0.01000mol \cdot L^{-1}HCl$ 滴定 $25.00mL$ 某二元弱酸 H_2B 的钠盐 Na_2B 和 NaHB 混合溶液。在滴定过程中测得，加入 HCl 体积为 $2.50mL$ 时，溶液的 pH 值为 6.30，加入 HCl 体积为 $10.50mL$ 时，溶液的 pH 值为 4.58。试计算加入 HCl 后达到 H_2B 的化学计量点时，共需多少毫升的 HCl？（已知二元弱酸 H_2B 的 $K_{a1}^{\ominus} = 1.38 \times 10^{-3}$，$K_{a2}^{\ominus} = 5.01 \times 10^{-7}$）

4．用 $0.2000mol \cdot L^{-1}NaOH$ 滴定 $0.10mol \cdot L^{-1}H_2SO_4$，试计算滴定百分数为 0 和 100 时溶液的 pH 值。（H_2SO_4 的 $K_{a2}^{\ominus} = 1.02 \times 10^{-2}$）

5．将 $1.25g$ 纯的一元弱酸 HA 溶于水后稀释至 $50.00mL$，然后用 $0.1000mol \cdot L^{-1}NaOH$ 溶液进行电位滴定，从滴定曲线上查得至反应完成时消耗的 NaOH 体积为 $39.20mL$，当滴加 $8.00mL$ NaOH 溶液时 $pH = 4.30$，试计算：

（1）HA 的解离常数 $K_a^{\ominus}$；

（2）一元弱酸 HA 的分子量；

（3）滴定至反应完成时溶液的 pH 值。

6．用 $0.1000mol \cdot L^{-1}HCl$ 标准溶液滴定内含 $0.1mol \cdot L^{-1}NaAc$ 的 $0.1mol \cdot L^{-1}NaOH$ 溶液，计算化学计量点时及化学计量点前后 0.1% 的 pH 值。（已知 $K_{a,HAc}^{\ominus} = 1.74 \times 10^{-5}$）

7．计算以下溶液的 pH 值：

（1）$20mL$ $0.10mol \cdot L^{-1}NaOH$ 与 $20mL$ $0.10mol \cdot L^{-1}NH_3 \cdot H_2O$ 混合；

（2）$20mL$ $0.10mol \cdot L^{-1}NaOH$ 与 $20mL$ $0.10mol \cdot L^{-1}NH_3 \cdot H_2O$ 混合（已知 $K_{b,NH_3}^{\ominus} = 1.80 \times 10^{-5}$）。

8．称取 Na_3PO_4 试样 $1.0100g$（内含 Na_2HPO_4），用 $0.3000mol \cdot L^{-1}$ 盐酸溶液滴定至酚酞变色，用去 $18.02mL$ HCl 标准溶液。再加入指示剂甲基橙，继续用 $0.3000mol \cdot L^{-1}$ 的盐酸滴定至终点时，又用去 $19.50mL$ HCl 标准溶液，求试样中 Na_3PO_4、Na_2HPO_4 的质量分数。

9．（1）计算用 $0.1000mol \cdot L^{-1}NaOH$ 滴定 $0.1000mol \cdot L^{-1}HAc$ 至 $pH = 9.0$ 时的终点误差。

（2）计算用 $0.1000mol \cdot L^{-1}HCl$ 滴定 $0.1000mol \cdot L^{-1}NH_3$ 至甲基橙变红（$pH = 4.4$）时的终点误差。（已知 $K_{a,HAc}^{\ominus} = 1.74 \times 10^{-5}$，$K_{b,HAc}^{\ominus} = 1.80 \times 10^{-5}$）

10．在 $0.10mol \cdot L^{-1}$ 弱碱溶液中加入微量酚酞，用比色法测知其 6% 变成了共轭碱形式，求此溶液的 OH^- 浓度。若又加入少量酸性指示剂甲基橙，则甲基橙有百分之几变成共轭碱形式？

⚷ 提高强化应用参考答案

一、单项选择题

1．D　2．D　3．C　4．A　5．B　6．B　7．A　8．D　9．D　10．C　11．B　12．B
13．A　14．B　15．D　16．C　17．D　18．D　19．A　20．B　21．D　22．B　23．D
24．C　25．D　26．B　27．D　28．B　29．B　30．B

二、填空题

1．NaOH　Na_2A　9.5

2．NaH_2PO_4　4.7　甲基红　Na_2HPO_4　9.8　酚酞

3．酸　H_2A　1　5.1

4．1.0×10^{-3}　1.0×10^{-8}　1.0×10^{-13}

5．反应进行完全　反应有确定的定量关系　反应速率与滴定速度一致　滴定终点便于检测

6．物质有足够的纯度　组成与化学式符合　稳定

7．有足够的纯度　组成与化学式符合　稳定　有较大的分子量

8．$cK_{a1}^{\ominus} \geqslant 10^{-8}$　$pK_a^{\ominus} \geqslant 4$

9．变色 pH 范围应部分或全部落在滴定的 pH 突跃范围之内

10．$[H^+] + [HSO_4^-] = [OH^-] + [HCO_3^-] + 2[CO_3^{2-}]$

11．$V_甲 > V_酚$　$V_甲 = V_酚$

12．0.5　10　人们的眼睛对红色比黄色灵敏，判断红中稍带黄时，较为困难，必须在稍多黄色时才能观察出来，所以 pH 范围一端变窄

13．PO_4^{3-}　$H_2PO_4^-$　$[H^+] + 2[H_3PO_4] + [H_2PO_4^-] = [OH^-] + [PO_4^{3-}]$

14．$2c = [NH_3] + [NH_4^+] = 2[H_3PO_4] + [H_2PO_4^-] + [HPO_4^{2-}] + [PO_4^{3-}]$
　　$[NH_4^+] + [H^+] = [H_2PO_4^-] + 2[HPO_4^{2-}] + 3[PO_4^{3-}] + [OH^-]$

15．$[H^+] + [H_2PO_4^-] + 2[H_3PO_4] = [NH_3] + [PO_4^{3-}] + [OH^-]$
　　$[H^+] = [SO_4^{2-}] + [OH^-] + 0.1$

16．9.77　4.67

17．> 4.2　2.7　4.2　2.7

18．7.7　8.7　9.7

19．7.50

20．4.3　4.6　4.9

21．$2H^+ + B_4O_7^{2-} + 5H_2O \Longrightarrow 4H_3BO_3$　4.97

22．无影响　偏高

23．加浓碱（NaOH）蒸馏，使 NH_4^+ 变为 NH_3 蒸出　前者只需一种标液（HCl），吸收剂 H_3BO_3 只需保证过量，不需知其浓度和体积，而后者需两种标液（ NaOH 与 HCl ）　不可以　HAc 溶液吸收了 NH_3 后，生成了 NH_4Ac 。Ac^- 是很弱的碱，不能用 HCl 滴定

24.（1）Na_3PO_4　（2）$Na_3PO_4 + Na_2HPO_4$　（3）Na_2HPO_4 或 $Na_2HPO_4 + NaH_2PO_4$
（4）NaH_2PO_4

25.

试液	V_1/mL	V_2/mL	组成	浓度/(mol·L^{-1})
A	0.00	16.77	$H_2PO_4^-$	0.06708
B	18.72	23.60	$HCl-H_3PO_4$	0.05336-0.01952
C	13.12	35.19	$H_3PO_4-H_2PO_4^-$	0.05242-0.03580
D	13.33	26.65	H_3PO_4	0.05332

三、问答题

1.
$$\begin{matrix} H_3BO_3 \\ Na_2B_4O_7 \end{matrix} \xrightarrow[\text{甲基红}]{\text{标液HCl}} \begin{matrix} H_3BO_3 \\ 2H_3BO_3 \end{matrix} \xrightarrow{\text{多元醇强化}} \xrightarrow[\text{酚酞}]{\text{标液NaOH}}$$

消耗标液的体积：　　　　　　V_1　　　　　　　　　V_2
　　　　　　　　　　　（$pH_{等}=5.1$）　　　（$pH_{等}=9.0$）

$$Na_2B_4O_7 = \frac{(cV_1)_{HCl} \times \dfrac{M_{Na_2B_4O_7}}{2}}{m_{样} \times 1000} \times 100\%$$

$$H_3BO_3 = \frac{[(cV_2)_{NaOH} - (cV_1)_{HCl}] \times M_{H_3BO_3}}{m_{样} \times 1000} \times 100\%$$

2.
$$\begin{matrix} H_2SO_4 \\ H_3PO_4 \end{matrix} \xrightarrow[\text{甲基红}]{\text{标液NaOH滴定}} \begin{matrix} SO_4^{2-} \\ H_2PO_4^- \end{matrix} \xrightarrow[\text{酚酞}]{\text{标液NaOH滴定}} \begin{matrix} SO_4^{2-} \\ HPO_4^{2-} \end{matrix}$$

消耗标液的体积：　V_1　　　　V_2

$$c_{H_3PO_4} = \frac{c_{NaOH} \times V_2}{V_{试液}} (mol \cdot L^{-1})$$

$$c_{H_2SO_4} = \frac{c_{NaOH}(V_1 - V_2)}{2V_{试液}} (mol \cdot L^{-1})$$

3. $K_{a1}^{\ominus} = \dfrac{K_W^{\ominus}}{K_{a1}^{\ominus}} = \dfrac{1.0 \times 10^{-14}}{1.22 \times 10^{-3}} = 8.20 \times 10^{-12} < 10^{-8}$，故不能直接滴定。

$$n_{\text{邻苯二甲酸氢钾}} = (cV_1)_{\text{HCl}} \times 10^{-3}(\text{mol}),$$

$$n_{\text{邻苯二甲酸}} = \frac{1}{2}[(cV_2)_{\text{NaOH}} - (cV_1)_{\text{HCl}}] \times 10^{-3}(\text{mol})$$

4. $Co(H_2O)_6^{2+} + 4Cl^- \xrightleftharpoons[\text{冷}]{\text{热}} CoCl_4^{2-} + 6H_2O$

   红   蓝

（1）由于 $\Delta o > \Delta t$ 和光谱化学序 H_2O 的场强大于 Cl^-，所以 $Co(H_2O)_6^{2+}$ 的分裂能大于后者的分裂能，电子跃迁前者所需光的能量大，须吸收能量较大的短波长的光。

（2）$\Delta_f H_m^\ominus = 45.5 \text{kJ} \cdot \text{mol}^{-1}$，$\Delta_r S_m^\ominus = 130 \text{J} \cdot \text{mol}^{-1} \cdot \text{K}^{-1}$

$$T = \frac{\Delta_f H_m^\ominus}{\Delta_f S_m^\ominus} = \frac{45.5 \times 10^3}{130} = 350(\text{K}) = 77(^\circ\text{C})$$

5.（1）八面体和三方棱柱；

（2）三方棱柱；

（3）$[Cr(H_2O)_6]^{3+}$，$[Co(NH_3)_6]^{3+}$，$[Fe(CH)_6]^{4-}$。

6. 晶体场分裂能随金属离子电荷的增多而增强，因此 $[Ni(IV)F_6]^{2-}$ 配离子的中心离子 Ni^{4+} 具有自旋组态，从而呈抗磁性。

7.（1）四氰合锌(Ⅱ)酸根离子，四面体；

（2）四氰合镍(Ⅱ)酸根离子，平面正方形；

（3）四氯合钴(Ⅱ)酸根离子，四面体；

（4）六氨合镍(Ⅱ)阳离子，八面体。

8.（1）$[Al_4F_4]^-$ 中 Al^{3+} 为 $2s^2 2p^6 3s^0 3p^0 3d^0$ 电子构型，故中心体以 sp^3 杂化成键。

（2）$[PdCl_4]^{2-}$ 中 Pd^{2+} 为 $4s^2 4p^6 4d^8 5s^0 5p^0$ 的电子构型，又 $4d$ 轨道的空间范围比 $3d$ 大，能容纳一对电子而斥力较小，$P < \Delta$，故中心体是以 dsp^2 成键，形成平面正方形。

（3）$[MnCl_5]^{2-}$ 中 Mn^{3+} 为 $3s^2 3p^6 3d^4$ 电子构型，故中心体可能以 dsp^3（三角双锥）成键。

9. 粉红色的固体为 $[Co(NH_3)_5(OH_2)]Cl_3$，三氯化五氨·一水合钴（Ⅲ）

紫色的固体为 $[CoCl(NH_3)_5]Cl_2$，二氯化一氯·五氨合钴（Ⅲ）

10. 共有两种几何异构体，其结构示意图如下：

11．（1）稳定性$[Co(NH_3)_6]^{3+}$＞$[Co(NH_3)_6]^{2+}$

根据晶体场理论，$[Co(NH_3)_6]^{3+}$的Δo大于$[Co(NH_3)_6]^{2+}$的Δo，在$[Co(NH_3)_6]^{3+}$中，由于$\Delta o＞P$，电子排布为$t_{2g}^6 e_g^0$，$CFSE=-24Dq$，而在$[Co(NH_3)_6]^{2+}$中，由于$\Delta o＞P$，电子排布为$t_{2g}^5 e_g^2$，$CFSE=-8Dq$，故$[Co(NH_3)_6]^{3+}$稳定得多。

（2）稳定性$HgF_4^{2-}＜HgCl_4^{2-}＜HgBr_4^{2-}＜HgI_4^{2-}$

根据HSAB（硬软酸碱）理论，Hg^{2+}为18电子构型阳离子，属软酸，作为配体的X^-为软碱时，其顺序为$F^-＜Cl^-＜Br^-＜I^-$，因此配合物稳定性为$HgF_4^{2-}＜HgCl_4^{2-}＜HgBr_4^{2-}＜HgI_4^{2-}$。（或由极化力、变形性、附加极化作用加以解释）

12．因为正四面体配合物的晶体场分裂能较小，仅为八面体场的4/9，不足以克服电子的成对能，因而大多数为高自旋配合物。

13．（1）四氨合锌（Ⅱ）离子；（2）三氯·三氨合钴（Ⅲ）；（3）六氟合铁（Ⅲ）酸离子；（4）二氰合银（Ⅰ）酸离子；（5）五氰·一硝基合铁（Ⅲ）酸离子。

14．（1）配位异构；（2）键合异构；（3）电离异构；（4）水合异构；（5）几何异构。

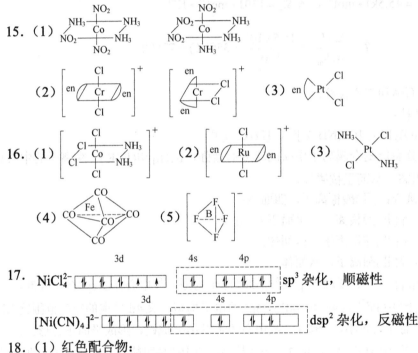

18．（1）红色配合物：

生成$AgBr$沉淀，说明Br^-为外界，加Ba^{2+}不沉淀，说明SO_4^{2-}为内界。

所以结构式为$[Co(SO_4)(NH_3)_5]Br$。

命名：溴化-硫酸根·五氨合钴（Ⅲ）

（2）紫色配合物：

生成$BaSO_4$沉淀，说明SO_4^{2-}为外界，加Ag^+不沉淀，说明Br^-为内界。

所以结构式为$[CoBr(NH_3)_5]SO_4$。

命名：硫酸-溴·五氨合钴（Ⅲ）

19.（1）Co^{2+}，d^7 高 ↑↓ ↑↓ ↑ 低 ↑↓ ↑↓ ↑↓ ↑↓ ↑

（2）Mn^{2+}，d^5 高 ↑ ↑ ↑ 低 ↑↓ ↑↓ ↑

（3）Ni^{2+}，d^8 ↑↓ ↑↓ ↑↓ ↑ ↑

20.（1）六水合铬（Ⅲ）离子；

（2）一氯·五水合铬（Ⅲ）离子；

（3）顺-二氯·四水合铬（Ⅲ）离子，反-二氯·四水合铬（Ⅲ）离子；

（4）六氰合铁（Ⅲ）酸离子。

四、计算题

1.（1）化学计量点前0.1%时：

$$n_{H_2C_2O_4} = 0.050 \times 20.00 \times 0.1\% = 1.0 \times 10^{-3}(mmol)$$

$$n_{C_2O_4^{2-}} = 0.050 \times 20.00 \times 99.9\% = 0.999(mmol)$$

由于 $H_2C_2O_4 + C_2O_4^{2-} = 2HC_2O_4^-$，

故反应形成了 $HC_2O_4^{2-}$-$C_2O_4^{2-}$ 缓冲体系，这时

$$n_{HC_2O_4^-} = 2 \times 1.0 \times 10^{-3} = 2.0 \times 10^{-3}(mmol)$$

$$n_{C_2O_4^{2-}} = 0.999 - 1.0 \times 10^{-3} = 0.998(mmol)$$

故 $[H^+] = K_{a2}^\ominus \dfrac{[HC_2O_4^-]}{[C_2O_4^{2-}]} = 6.46 \times 10^{-5} \times \dfrac{2.0 \times 10^{-3}}{0.998} = 1.29 \times 10^{-7}(mol \cdot L^{-1})$

$pH = -lg(H^+) = 6.89$

（2）化学计量点时产物为 $0.025mol \cdot L^{-1}Na_2C_2O_4$。

$$[OH^-] = \sqrt{cK_{b1}^\ominus} = \sqrt{c\frac{K_W^\ominus}{K_{a2}^\ominus}} = \sqrt{0.025 \times \frac{10^{-14}}{6.46 \times 10^{-5}}} = 1.97 \times 10^{-6}(mol \cdot L^{-1})$$

故 $pH = 14 - pOH = 14 - [-lg(1.97 \times 10^{-6})] = 8.29$

（3）化学计量点后0.1%，由过量的0.1%的NaOH决定溶液的pH值。

$$[OH^-] = \frac{0.1000 \times 20.00 \times 0.1\%}{20.00 + 20.00 \times 100.1\%} = \frac{0.002}{40.02} = 5.00 \times 10^{-5}$$

故 $pH = 9.70$

2.$n_{NaOH} : n_{Na_2CO_3} = \dfrac{2}{40.0} : \dfrac{1}{106.0} = 0.05 : 0.009$

故 $V_{HCl(酚酞)} : V_{HCl(甲基橙)} = (0.05 + 0.009) : (0.05 + 2 \times 0.009) = 1 : 1.15$

3.设混合液中含 Na_2B $x$mmol、 $NaHB$ $y$mmol。

由题意可知pH=4.58时，溶液中全部为NaHB；

$pH = 6.30$ 时，溶液中为 $NaHB \text{-} Na_2B$ 缓冲溶液，且两者浓度相等。

列方程得
$$\begin{cases} x = 0.01000 \times 10.50 \\ \dfrac{x - 0.01000 \times 2.50}{26.50} = \dfrac{y + 0.01000 \times 2.50}{26.50} \end{cases}$$

解得 $x = 0.105$，$y = 0.055$

故当达到二元弱酸 H_2B 的化学计量点时，所需 HCl 体积为

$$V_{HCl} = \frac{0.105 \times 2 + 0.055}{0.010} = 26.50 (mL)$$

4．（1）滴定未开始时，溶液中存在 $0.10 mol \cdot L^{-1} H_2SO_4$，质子条件式为 $[H_3O^+] = [HSO_4^-] + [SO_4^{2-}] + [OH^-]$，因溶液呈酸性，故 $[OH^-]$ 可忽略。

上式简化为 $[H_3O^+] = [HSO_4^-] + [SO_4^{2-}] = [HSO_4^-] + \dfrac{K_{a2}^{\ominus}[HSO_4^-]}{[H_3O^+]} = 0.10 + \dfrac{1.02 \times 10^{-2} \times 0.10}{[H_3O^+]}$

解得 $[H_3O^+] = 0.11 (mol \cdot L^{-1})$

故 $pH = 0.96$

（2）滴定至 100% 时，生成 $0.05 mol \cdot L^{-1} Na_2SO_4$

质子条件式为 $[H_3O^+] + [HSO_4^-] = [OH^-]$

$$[H_3O^+] + \frac{[SO_4^{2-}][H_3O^+]}{K_{a2}^{\ominus}} = \frac{K_W^{\ominus}}{[H_3O^+]}$$

故 $[H_3O^+] = \sqrt{K_W^{\ominus} \Big/ \left(1 + \dfrac{[SO_4^{2-}]}{K_{a2}^{\ominus}}\right)} = \sqrt{10^{-14} \Big/ \left(1 + \dfrac{0.05}{1.02 \times 10^{-2}}\right)}$

故 $pH = 7.38$

5．（1）$pH = pK_{a,HA}^{\ominus} - lg\dfrac{[HA]}{[A^-]}$

$$4.30 = pK_{a,HA}^{\ominus} + lg\frac{(39.20 - 8.00) \times 0.1000 / V}{8.00 \times 0.1000 / V}$$

故 $pK_{a,HA}^{\ominus} = 3.71$

$K_{a,HA}^{\ominus} = 1.95 \times 10^{-4}$

（2）HA 的分子量为

$$M_r = \frac{1.25 \times 1000}{0.1000 \times 39.20} = 318.9$$

（3）化学计量点时生成了 NaA

$$c_{NaA} = \frac{0.1000 \times 39.20}{50.00 \times 39.20} = 0.002 (mol \cdot L^{-1})$$

$$[OH^-] = \sqrt{c_{NaA} K_{b,A}^{\ominus}} = \sqrt{c(K_W^{\ominus} / K_{a,HA}^{\ominus})} = \sqrt{0.002 \times [1.0 \times 10^{-14} / (1.95 \times 10^{-4})]}$$
$$= 3.2 \times 10^{-7} (mol \cdot L^{-1})$$

故 $pH = 7.51$

6．（1）化学计量点前 0.1% 时，溶液中存在 0.1% 的 NaOH（剩余的）和原有的 NaAc，可

忽略后者，则溶液中 $[OH^-] = \dfrac{0.10 \times 0.1\%}{2} = 5.00 \times 10^{-5}(mol \cdot L^{-1})$

故 pH = 9.70

（2）化学计量点时，溶液中存在 NaCl、NaAc。由 NaAc 与水的作用决定溶液的 pH 值。

$Ac^- + H_2O \rightleftharpoons HAc + OH^-$

$c_{NaAc} = 0.10 / 2 = 0.05(mol \cdot L^{-1})$

$$[OH^-] = \sqrt{c_{Ac^-} K^{\ominus}_{b,Ac^-}} = \sqrt{c_{Ac^-}(K^{\ominus}_W / K^{\ominus}_{a,HAc})} = \sqrt{0.05 \times [1.0 \times 10^{-14} / (1.74 \times 10^{-5})]}$$

$$= \sqrt{0.05 \times 5.75 \times 10^{-10}} = 5.36 \times 10^{-6}(mol \cdot L^{-1})$$

故 pH = 8.73

（3）化学计量点后 0.1%，为 HAc-Ac$^-$ 缓冲溶液

$$[H^+] = K^{\ominus}_a \dfrac{[HAc]}{[Ac^-]} = 1.74 \times 10^{-5} \times \dfrac{5.00 \times 10^{-5}}{0.05 - 5.00 \times 10^{-5}}$$

故 pH = 7.76

7. NaOH 与 NH$_3 \cdot$H$_2$O 混合液的质子条件式是

$[OH^-] = c_{NaOH} + [NH_4^+]$

（1）用最简式 $[OH^-] = c_{NaOH} = 20 \times 0.10 / 40 = 0.050(mol \cdot L^{-1})$

此时 $[NH_4^+] = \dfrac{K^{\ominus}_{b,NH_3} \times [NH_3]}{[OH^-]} = \dfrac{1.80 \times 10^{-5} \times 0.050}{0.050}$

$$= 1.80 \times 10^{-5}(mol \cdot L^{-1}) \ll 0.050(mol \cdot L^{-1})$$

故忽略 $[NH_4^+]$ 项合理，

此时 pH $= 14 - (-lg[OH^-]) = 14 + lg\,0.05 = 12.70$

（2）混合后 $c_{NaOH} = \dfrac{0.20 \times 0.10}{20.2} = 0.0010(mol \cdot L^{-1})$

混合前 $c_{NaOH} = 0.10 mol \cdot L^{-1}$

用质子条件式 $[OH^-] = 0.0010 + \dfrac{1.80 \times 10^{-5} \times 0.10}{[OH^-]}$

解得 $[OH^-] = 1.93 \times 10^{-3}$

故 pH = 11.29

8. 反应式

$Na_3PO_4 + 2HCl == 2NaCl + NaH_2PO_4$ 计量比为 1:2

$Na_2HPO_4 + HCl == NaCl + NaH_2PO_4$ 计量比为 1:1

Na_3PO_4 的分子量为 163.9，NaH_2PO_4 的分子量为 142.0

$Na_3PO_4 = (18.02 \times 0.3000 \times 10^{-3}) \times \dfrac{163.9}{1} \times \dfrac{100\%}{1.0100} = 87.73\%$

$Na_2HPO_4 = [(19.50 - 18.02) \times 0.3000 \times 10^{-3}] \times \dfrac{142.0}{1} \times \dfrac{100\%}{1.0100} = 6.24\%$

故试样中 Na_3PO_4 的质量分数为 87.73%，Na_2HPO_4 的质量分数为 6.24%。

9．（1）到达化学计量点时得纯 $NaAc$ 水溶液，溶液中 OH^- 的浓度 $[OH^-]_{计}$ 可由 Ac^- 离子碱的质子传递平衡常数 $K_b^\ominus$ 求得：

$$[OH^-]_{计} = \sqrt{[Ac^-]_{计} K_{b,Ac^-}^\ominus} = \sqrt{(0.1000/2)(K_W^\ominus/K_{a,HAc}^\ominus)}$$

$$= \sqrt{0.050 \times \frac{1.0 \times 10^{-14}}{1.74 \times 10^{-5}}} = 5.36 \times 10^{-6} (mol \cdot L^{-1})$$

故 $pH_{计} = 14 - [lg(-5.36 \times 10^{-6})] = 8.73$

$\Delta pH = 9.00 - 8.73 = 0.27$

滴定反应 $HAc + OH^- \rightleftharpoons H_2O + Ac^-$ 的平衡常数为

$K_{计}^\ominus = K_a^\ominus / K_W^\ominus = 1.74 \times 10^{-5} / (1.0 \times 10^{-14}) = 1.74 \times 10^9$

$$TE = \frac{10^{0.27} - 10^{-0.27}}{\sqrt{0.050 \times 1.74 \times 10^9}} \times 100\% = 0.01\%$$

（2）达到化学计量点时得到纯 NH_4Cl 溶液，溶液中 H_3O^+ 浓度 $[H_3O^+]_{计}$ 可由 NH_4^+ 离子酸的质子转移平衡常数求得：

$$[H_3O^+]_{计} = \sqrt{[NH_4^+]K_{a,NH_4^+}^\ominus} = \sqrt{(0.1000/2)(K_W^\ominus/K_{b,NH_3}^\ominus)}$$

$$= \sqrt{0.050 \times \frac{1.00 \times 10^{-14}}{1.80 \times 10^{-5}}} = 5.27 \times 10^{-6} (mol \cdot L^{-1})$$

故 $pH_{计} = -lg(5.27 \times 10^{-6}) = 5.28$，　$\Delta pH = 4.40 - 5.28 = -0.88$

滴定反应 $NH_3 + H_3O^+ \rightleftharpoons NH_4^+ + H_2O$ 的平衡常数为

$K_{计}^\ominus = K_b^\ominus / K_W^\ominus = 1.80 \times 10^{-5} / (1.0 \times 10^{-14}) = 1.80 \times 10^9$

$$TE = \frac{10^{-(-0.88)} - 10^{-0.88}}{\sqrt{0.050 \times 1.80 \times 10^9}} \times 100\% = 0.08\%$$

两种情况下均得正误差，表明滴定终点在化学计量点后。

10．对于酚酞

平衡时 $\begin{array}{cc} HIn + H_2O \rightleftharpoons H_3O^+ + In^- \\ (1-0.06) \quad\quad\quad\quad 0.06 \end{array}$

$$K_a^\ominus = \frac{([In^-]/c^\ominus)([H_3O^+]/c^\ominus)}{([HIn]/c^\ominus)} = \frac{[In^-][H_3O^+]}{[HIn]}$$

故 $[H_3O^+] = \dfrac{K_a^\ominus[HIn]}{[In^-]} = \dfrac{10^{-9} \times (1-0.06)}{0.06} = 1.57 \times 10^{-8} (mol \cdot L^{-1})$

$[OH^-] = \dfrac{K_W^\ominus}{[H_3O^+]} = \dfrac{10^{-14}}{1.57 \times 10^{-8}} = 6.37 \times 10^{-7} (mol \cdot L^{-1})$

对于甲基橙，设 $x\%$ 变成共轭碱的形式。

$$HIn + H_2O \rightleftharpoons In^- + H_3O^+$$

平衡时 $1 - x\% \quad\quad x\% \quad 1.57 \times 10^{-8}$

所以 $10^{-4} = \dfrac{x\% \times 1.57 \times 10^{-8}}{1 - x\%}$

$x \approx 100$，几乎全部变成了共轭碱的形式。

本章符号说明

符号	意义
α	解离度
K_a	溶液中的解离平衡常数
$K_a^{\ominus}$	溶液中的标准解离平衡常数
b	浓度
b^{eq}	平衡时的浓度
b_0	起始浓度
K_{sp}	溶度积
S	溶解度

第 3 章

舰船油料使用及监测

3.1 舰船动力及油料使用

3.1.1 舰船动力

知识要点回顾

1）重要的基本概念

系统与环境；封闭体系、敞开体系、孤立体系；状态与状态函数；热、功、焓；过程与可逆过程、化学计量数与反应进度；化学反应热效应（定容、定压）；热力学能与热力学能变；热与功；焓与焓变；标准态；标准摩尔生成焓与反应的标准摩尔焓变。

2）主要基本定律和应用

热力学第一定律的数学表达式为

$$\Delta U = Q + W$$

热 Q 与功 W 的正、负号规定为：系统从环境得到功或热，取 "+" 号；系统向环境做功或放热，取 "–" 号。其适用于封闭系统一切过程的能量衡算。

3）主要计算公式

（1）化学反应定义式

$$0 = \sum_{B} \nu_B B$$

化学计量数 ν_B 的正、负号规定为：对反应物取 "–" 号，对生成物取 "+" 号。

（2）用弹式量热计测定定容热效应 Q_V

$$Q_V = -[Q(H_2O) + Q_b] = -[C(H_2O)\Delta T + C_b\Delta T] = (-\sum C)\Delta T$$

（3）在定容、不做非体积功的封闭系统中

$$\Delta U = Q_V$$

（4）在定压、只做体积功的封闭系统中

$$\Delta H = Q_p$$

（5）理想气体的 Q_V 与 Q_p 关系为

$$Q_p - Q_V = p\Delta V$$

$$Q_{p,\mathrm{m}} - Q_{V,\mathrm{m}} = \nu(\mathrm{B,g})RT, \quad \Delta_{\mathrm{r}}H_{\mathrm{m}} - \Delta_{\mathrm{r}}U_{\mathrm{m}} = \nu(\mathrm{B,g})RT$$

对于理想气体，$Q_p = Q_V$ 的条件是：反应前后气体物质的物质的量之差 $\Delta\nu$ 等于零。

（6）298.15K，标准状态下反应焓与生成焓的计算式为

$$\Delta_{\mathrm{r}}H_{\mathrm{m}}^{\ominus}(298.15\mathrm{K}) = \sum_{\mathrm{B}} \nu_{\mathrm{B}} \Delta_{\mathrm{f}}H_{\mathrm{m,B}}^{\ominus}(298.15\mathrm{K})$$

4）基本要求

（1）熟练掌握

① 宏观静止、无外场作用的封闭系统热力学第一定律的数学表达式；

② 热和功的定义、正负号的规定，以及其单位和性质；

③ 内能与焓的定义、性质和单位，理想气体内能与焓的性质，$\Delta_{\mathrm{r}}H_{\mathrm{m}}^{\ominus}$ 与 $\Delta_{\mathrm{r}}U_{\mathrm{m}}^{\ominus}$ 的关系；

④ 化学反应 $\Delta_{\mathrm{r}}U_{\mathrm{m}}^{\ominus}$ 的计算方法。

（2）正确理解

化学反应热效应，状态函数。

（3）一般了解

反应热的测量、盖斯定律等内容，明白其来源和使用。

3.1.2 油料种类

知识要点回顾

1）重要的基本概念

油料的含义，油料的种类，常用油料的性质和特点。

2）基本要求

（1）熟练掌握

熟悉常用各类油料的性质、用途和储存要求，能正确判断油料的品质和质量，掌握油料基础性能。

（2）正确理解

油料保管的相关法律法规和政策，油料管理的基本原理和要求。

（3）一般了解

油料调拨和配送的流程，操作和处理相关要求等内容。

典型案例分析

【例3-1】系统始态的能量状态为 U_1，在经历了下述两个不同的途径后，热力学能的变化量 ΔU 各为多少？这一结果说明了什么？

① 从环境吸收了480J的热量，又对环境做了270J的功。

② 向环境放出了60J的热量，而环境则对系统做了270J的功。

解：

① 由题意知，Q=480J，W=-270J

所以 $\Delta U=Q+W=480-270=210$（J）

② 由题意知，Q=-60J，W=270J，所以 $\Delta U=Q+W=-60+270=210$（J）

系统经历了①、②两个不同变化途径后，系统的热力学能变化量均为210J。结果表明，当系统从同一始态出发不管经历何种途径，只要变化过程的热力学能变化量相同，则会得到同一个终态能量。这也体现了状态函数"殊途同归"的特性。

【例 3-2】 火箭燃料偏二甲肼[(CH₃)₂N₂H₂]的燃烧反应为

$$[(CH_3)_2N_2H_2](l)+6O_2(g)=\!\!=\!\!=2CO_2(g)+2NO_2(g)+4H_2O(l)$$

在氧弹中测得 1mol 偏二甲肼完全燃烧放出的热量为 1896kJ，计算上述反应在 298.15K 和恒压条件下的焓变。

解：

已知 Q_V=-1896kJ·mol⁻¹，则反应在恒容条件下的 ΔU=-1896kJ·mol⁻¹。

由于理想气体的热力学能 U 只是温度的函数，故反应在恒压条件下的 ΔU=-1896kJ·mol⁻¹。

根据 $\Delta H=\Delta U+\sum\limits_{B(g)}\nu_B RT$，则反应在 298.15K 和恒压条件下的 ΔH 为 $\Delta H=\Delta U+2RT+2RT-6RT=\Delta U-2RT=-1896-2\times8.314\times10^{-3}\times298.15=-1901$（kJ·mol⁻¹）

答：偏二甲肼燃烧反应在 298.15K 和恒压条件下的焓变为-1901kJ·mol⁻¹。

【例 3-3】 葡萄糖在人体内发生氧化反应并释放出大量的热，因此医院广泛使用等渗的葡萄糖注射液为病人提供能量。试计算葡萄糖氧化反应的标准摩尔焓变。

解：

查表可知：$\Delta_f H_m^{\ominus}$(CO₂, g, 298.15K)= -393.5kJ·mol⁻¹

$\Delta_f H_m^{\ominus}$(H₂O, l, 298.15K)= -285.83kJ·mol⁻¹

$\Delta_f H_m^{\ominus}$(C₆H₁₂O₆, s, 298.15K)= -1260kJ·mol⁻¹

葡萄糖的氧化反应方程式为

$$C_6H_{12}O_6(s)+6O_2(g)=\!\!=\!\!=6CO_2(g)+6H_2O(l)$$

故该反应的标准摩尔焓变为

$$\Delta_r H_m^{\ominus}(298.15K)=\sum_B \nu_B \Delta_f H_{m,B}^{\ominus}(298.15K)$$

$$=6\times(-393.5)+6\times(-285.83)-(-1260)=-2816(kJ·mol^{-1})$$

答：在 298.15K 和标准状态下，每摩尔葡萄糖发生氧化反应放出 2816kJ 的热量。

📖 **提高强化应用**

一、单项选择题

1. 下列各种说法中，错误的是（　　　）。

A. 在封闭系统中，只做体积功时系统的焓变等于恒压热效应

B．$\Delta_r H_m^{\ominus} = Q_p$ 表示在恒压和只做体积功的条件下，系统与环境交换热等于系统的焓变

C．因为 $\Delta_r H_m = Q_p$，所以恒压过程才有 $\Delta_r H_m^{\ominus}$

D．由物质 X，Y，Z 之间发生的化学反应，其 $\Delta_r H_m^{\ominus}$ 的数值可以不止一个值

2．下列说法中，正确的是（　　　）。

A．单质的焓为零

B．反应的热效应就是该反应的摩尔焓变

C．单质的摩尔生成焓为零

D．由最稳定单质生成 1mol 化合物时，该化合物的标准摩尔生成焓 $\Delta_f H_m^{\ominus}$ 等于 $\Delta_r H_m^{\ominus}$

3．已知 A+B==M+N　　　$\Delta_r H_m^{\ominus} = -40\text{kJ} \cdot \text{mol}^{-1}$

2M+2N==2D　　　$\Delta_r H_m^{\ominus} = 96\text{kJ} \cdot \text{mol}^{-1}$

则同温下 A+B==D，$\Delta_r H_m^{\ominus}$ 为（　　　）。

A．$8\text{kJ} \cdot \text{mol}^{-1}$ 　　　　　　　　　B．$-8\text{kJ} \cdot \text{mol}^{-1}$

C．$-56\text{kJ} \cdot \text{mol}^{-1}$ 　　　　　　　　D．$56\text{kJ} \cdot \text{mol}^{-1}$

4．在标准状态下，下列反应中，$\Delta_r H_m^{\ominus} = \Delta_r H_{m,CO_2(g)}^{\ominus}$ 的是（　　　）。

A．$C(\text{石墨}) + O_2(g) == CO_2(g)$

B．$2C(\text{石墨}) + 2O_2(g) == 2CO_2(g)$

C．$C(\text{金刚石}) + O_2(g) == CO_2(g)$

D．$2C(\text{金刚石}) + 2O_2(g) == 2CO_2(g)$

5．已知：$H_2(g) + Br_2(l) == 2HBr(g)$，$\Delta_r H_m^{\ominus} = -72.6\text{kJ} \cdot \text{mol}^{-1}$

$N_2(g) + 3H_2(g) == 2NH_3(g)$，$\Delta_r H_m^{\ominus} = -91.8\text{kJ} \cdot \text{mol}^{-1}$

$NH_3(g) + HBr(g) == NH_4Br(s)$，$\Delta_r H_m^{\ominus} = -187.7\text{kJ} \cdot \text{mol}^{-1}$

则 $\Delta_r H_{m,NH_4Br(s)}^{\ominus}$ 为（　　　）。

A．$269.9\text{kJ} \cdot \text{mol}^{-1}$ 　　　　　　　B．$352.1\text{kJ} \cdot \text{mol}^{-1}$

C．$-269.9\text{kJ} \cdot \text{mol}^{-1}$ 　　　　　　D．$-352.1\text{kJ} \cdot \text{mol}^{-1}$

6．工业上经常在 $CaSO_4$ 中混入少量 SiO_2 后焙烧。已知 $CaO(s) + SiO_2(s) == CaSiO_3(s)$，$\Delta_r H_m^{\ominus} = -72.7\text{kJ} \cdot \text{mol}^{-1}$，采取这种措施是因为（　　　）。

A．使物料搅拌充分　　　　　B．降低焙烧温度

C．在较高温度下使焙烧更加完全　　D．节约原料

7．下列单质的 $\Delta_r H_m^{\ominus}$ 等于零的是（　　　）。

A．$C(s)$　　　　B．$I_2(g)$　　　　C．$Br_2(aq)$　　　　D．$Br_2(l)$

8．下列的反应焓不等于该反应产物的摩尔生成焓的是（　　　）。

A．$Ag(s) + \frac{1}{2}I_2(l) == AgI(s)$　　　B．$C(\text{石墨}) + O_2(g) == CO_2(g)$

C．$Ag(s) + \frac{1}{2}Br_2(l) == AgBr(l)$　　D．$H_2(g) + \frac{1}{2}O_2(g) == H_2O(l)$

9．在密闭容器中，进行 $SO_2(g)+\dfrac{1}{2}O_2(g)\rightleftharpoons SO_3(g)$ 的反应。已知其焓变小于零，当反应达到平衡时，下列说法不正确的是（　　　）。

  A．降低温度反应向右进行

  B．维持体积不变，通入惰性气体，使压力增加，平衡向左移动

  C．维持系统的总压不变，通入惰性气体，平衡向右移动

  D．当反应温度及各物质的平衡分压不变时，若加入催化剂，平衡不会移动

二、填空题

1．一个封闭系统，在恒温、恒压且只做体积功的条件下，从状态 A 变至状态 B，则系统与环境交换的热量等于（　　　　　），该过程中系统焓变的热力学函数表达式为（　　　　　）。若系统在非恒压过程中，从状态 A 变至状态 B，则系统的焓变等于（　　　　　）。

2．当温度和压力分别为 T、p 时，燃烧 1mol C_2H_6 可释放最大能量的热化学反应式为（　　　　　）。

3．已知 $2K(s)+2H_2O(l)\Longrightarrow 2KOH(aq)+H_2(g)$ 的 $\Delta_rH_m^\ominus$ 为 $-393.8kJ\cdot mol^{-1}$，$\Delta_fH_{m,KH(s)}^\ominus=-63.43kJ\cdot mol^{-1}$，$\Delta_fH_{m,H_2O(l)}^\ominus=-285.8kJ\cdot mol^{-1}$，则 $KH(s)$ 与 $H_2O(l)$ 的反应式为（　　　　　），$KH(s)$ 的熔解焓为（　　　　　）。

4．已知：

序号	反应方程式	$\Delta_rH_m^\ominus/(kJ\cdot mol^{-1})$
(1)	$\dfrac{1}{2}H_2(g)\Longrightarrow H^+(g)+e^-$	1530
(2)	$H^+(g)+aq\Longrightarrow H^+(aq)$	-1090
(3)	$Fe(s)+2H^+(aq)\Longrightarrow Fe^{2+}(aq)+H_2(g)$	-42
(4)	$Fe(s)\Longrightarrow Fe^{2+}(g)+2e^-$	2739

则 $Fe^{2+}(g)$ 的水合焓等于（　　　　　）。

5．在 298K 时，反应 $4NH_3(g)+5O_2(g)\Longrightarrow 4NO(g)+6H_2O(l)$ 的 $\Delta_rH_m^\ominus$ 为 $-1172kJ\cdot mol^{-1}$，则反应的 ΔU 为（　　　　　）。

6．列出下面每个反应的 Δ_rH_m 与 Δ_rU_m 的关系（填"<""="或">"）

（1）$4NH_3(g)+3O_2(g)\rightleftharpoons 2N_2(g)+6H_2O(g)$，$\Delta_rH_m$（　　　　　）$\Delta_rU_m$

（2）$S(s)+O_2(g)\rightleftharpoons SO_2(g)$，$\Delta_rH_m$（　　　　　）$\Delta_rU_m$。

三、问答题

1．在热力学中为什么要规定"标准状态"？什么是物质的"热力学标准状态"？

2．热力学中的可逆过程是否就是化学中所说的可逆反应？

四、计算题

1．N_2O_4 按下式分解 $N_2O_4(g)\rightleftharpoons 2NO_2(g)$，在 20℃、100kPa 下建立平衡时，$N_2O_4$ 与 NO_2 体积比为 1:4，求该温度下 $K^\ominus$ 与 N_2O_4 的解离度。

2. 在 25℃时，1.50mol 理想气体从 $1.0\ p^{\ominus}$ 经恒温可逆压缩到 $8.00\ p^{\ominus}$，求此过程的体积功。

3. 已知下列反应的焓变为：

（1） $Rb(s) = Rb(g)$，$\Delta_r H_{m1}^{\ominus} = 78kJ \cdot mol^{-1}$

（2） $Rb(g) = Rb^+(g) + e^-$，$\Delta_r H_{m2}^{\ominus} = 402kJ \cdot mol^{-1}$

（3） $F_2(g) = 2F(g)$，$\Delta_r H_{m3}^{\ominus} = 160kJ \cdot mol^{-1}$

（4） $F(g) + e^- = F^-(g)$，$\Delta_r H_{m4}^{\ominus} = -350kJ \cdot mol^{-1}$

（5） $Rb^+(g) + F^-(g) = RbF(s)$，$\Delta_r H_{m5}^{\ominus} = -762kJ \cdot mol^{-1}$

请计算 RbF(s) 的标准摩尔生成焓 $\Delta_f H_{m,RbF}^{\ominus}(s)$。

4. 已知在 298K 时 $2F(g) \longrightarrow F_2(g)$ $\Delta_r G_m^{\ominus} = -123.9kJ \cdot mol^{-1}$，$F(g)$、$F_2(g)$ 的 $S_m^{\ominus}$ 分别为 $158.7J \cdot mol^{-1} \cdot K^{-1}$ 和 $202.8J \cdot mol^{-1} \cdot K^{-1}$，试计算 F—F 的键能（$E_{F-F}$）。

5. 加热固体 $CaCO_3$，使其发生 $CaCO_3(s) \Longrightarrow CaO(s) + CO_2(g)$ 的分解反应。已知在 800℃时反应的标准平衡常数 $K^{\ominus} = 1.16$，反应器的容积为 12L，800℃时 $CaCO_3$ 的平衡分解率为 65%，试求反应开始时 $CaCO_3$ 的质量。（$M_{r,CaCO_3} = 100.1$）

6. 某温度下，合成氨的反应为：$N_2(g) + 3H_2(g) \Longrightarrow 2NH_3(g)$，容器的体积为 0.5L，反应达平衡时，容器中含 $0.2mol\ N_2$、$0.6mol\ H_2$ 和 $0.1mol\ NH_3$，若温度维持不变，欲使 NH_3 的浓度增加 50%，则需向容器中加入多少 N_2（mol）？

7. 在 1200m 高地，$C_2H_5OH(l)$ 的饱和蒸气压是 $0.600\ p^{\ominus}$，在沸点温度下 $C_2H_5OH(l)$ 蒸发生成气态 $C_2H_5OH(g)$，标准摩尔熵变为 $121J \cdot mol^{-1} \cdot K^{-1}$，标准摩尔吉布斯函数变化值是 $1.43kJ \cdot mol^{-1}$，试计算在 1200m 高地的大气压力、$C_2H_5OH(l)$ 的沸点和汽化热。

8. 在 298K，$p^{\ominus}$ 的恒定压力下，$1mol\ NH_4HS(s)$ 按下式分解：

$NH_4HS(s) \longrightarrow NH_3(g) + H_2S(g)$，试计算反应中 ΔU 和 ΔH 之间的差值。

🔑 提高强化应用参考答案

一、单项选择题

1. C 2. D 3. A 4. A 5. C 6. B 7. D 8. A 9. B

二、填空题

1. ΔH $\Delta H = \Delta U + p\Delta V$ $\Delta H = \Delta U + (p_B V_B - p_A V_A)$

2. $C_2H_6(g) + \dfrac{7}{2}O_2(g) \Longrightarrow 3H_2O(l) + 2CO_2(g)$ $\Delta_r H_m(T)$

3. $KH(s) + H_2O(l) \Longrightarrow KOH(aq) + H_2(g)$ $-133.5kJ \cdot mol^{-1}$

4. $-1901kJ \cdot mol^{-1}$

5. $-1160kJ \cdot mol^{-1}$

6. $>$ $=$

三、问答题

1. 由于化学反应热效应或焓变、吉布斯函数等物质的一些热力学性质数据都与物质所处的状态有关，在热力学中通常对物质的状态有一个统一的规定，即提出了"热力学标准状态"。

在标准压力 $p^\ominus$(101.33kPa)时（现也有以 100kPa 为标准压力），处于理想气体状态的气态纯物质、液态纯物质和固态纯物质以及物质的量浓度为 $1mol \cdot kg^{-1}$（近似用 $1mol \cdot L^{-1}$）的理想溶液称为各物质的热力学标准状态（又称热化学标准状态）。需注意，在标准状态的规定中，没有限定温度，我国通常选用 298K，以完善标准状态的定义。

2. 可逆过程和化学反应的可逆性是完全不同的两个概念。热力学中的可逆过程是由一系列无限接近平衡的状态所构成。因此只需将条件作无限小的逆变化，系统即改变方向，沿相近的途径恢复到原来状态，在系统和环境中都不留下"痕迹"。可逆过程的条件永远不能完全满足，它是一种理想过程。化学中所说的可逆反应是指正逆两个相反的反应能同时进行，或指反应在一定条件下能正向进行，而在同一条件下也能反向进行。

总而言之，可逆过程是在系统接近于平衡状态下发生的，而可逆反应中不论反应向哪方进行，都不是在接近平衡条件下进行的反应，一般都是热力学不可逆过程。

四、计算题

1. 因同温同压下，气体的物质的量之比等于体积比，故平衡时总物质的量 $n_1 = 5mol$，平衡时总压 p_1 为 100kPa，由此得到平衡时各组分的分压为

$$p_{N_2O_4} = p_1 \times \frac{1}{5}, p_{NO_2} = p_1 \times \frac{4}{5}$$

故 $K^\ominus = \dfrac{(p_{NO_2}/p^\ominus)^2}{p_{N_2O_4}/p^\ominus} = \dfrac{\left(\frac{4}{5}\right)^2}{\left(\frac{1}{5}\right)} \times \dfrac{p_1}{p^\ominus} = 3.2 \times \dfrac{100}{101.33} = 3.16$

平衡时 $n_{N_2O_4}$ 为 1mol，由化学方程式计量系数可知 N_2O_4 离解了 2mol。根据起始变化及平衡时物质的量的关系，N_2O_4 起始物质的量应为 3mol，所以 N_2O_4 的解离度为 $\alpha = \dfrac{2mol}{3mol} \times 100\% = 66.7\%$。

2. $W = \displaystyle\int_{V_1}^{V_2} -p_{\text{外}}dV = -\int_{V_1}^{V_2} (p + d_p)dV \approx -\int_{V_1}^{V_2} pdV$

因 $p = \dfrac{nRT}{V}$，代入上式得

$W_R = -\displaystyle\int_{V_1}^{V_2} \dfrac{nRT}{V}dV$

$\quad = -nRT\ln\dfrac{V_2}{V_1} = -nRT\ln\dfrac{p_1}{p_2}$

$\quad = -1.50 \times 8.314 \times 298 \times 10^{-3} \times \ln\dfrac{1.0p^\ominus}{8.0p^\ominus}$

$\quad = 7.73(kJ)$

3. 因式 $(6) = (1) + (2) + \dfrac{1}{2}(3) + (4) + (5)$，故

$$\Delta_r H_{m6}^{\ominus} = \Delta_r H_{m1}^{\ominus} + \Delta_r H_{m2}^{\ominus} + \Delta_r H_{m3}^{\ominus} + \Delta_r H_{m4}^{\ominus} + \Delta_r H_{m5}^{\ominus}$$

$$= 78 + 402 + \frac{1}{2} \times 160 - 350 - 762$$

$$= -552 (\text{kJ} \cdot \text{mol}^{-1})$$

所以 $\Delta_f H_{m,RbF(s)}^{\ominus} = -552 \text{kJ} \cdot \text{mol}^{-1}$

4. 因298K时 $F_2(g) \Longrightarrow 2F(g)$

$$\Delta_r S_m^{\ominus} = 2 \times 158.7 - 202.8 = 114.6 (\text{J} \cdot \text{mol}^{-1} \cdot \text{K}^{-1})$$

$$\Delta_r G_m^{\ominus} = -\Delta_r G_{m1}^{\ominus} = 123.9 (\text{kJ} \cdot \text{mol}^{-1})$$

$$\Delta_r H_m^{\ominus} = \Delta_r G_m^{\ominus} + T\Delta_r S_m^{\ominus} = 123.9 + 298 \times 114.6 \times 10^{-3} = 158.1 (\text{kJ} \cdot \text{mol}^{-1})$$

故 F—F 的键能为 $158.1 \text{kJ} \cdot \text{mol}^{-1}$。

5. $K^{\ominus} = \dfrac{p_{CO_2}}{p^{\ominus}} = 1.16, p_{CO_2} = 1.16 p^{\ominus}$

因 $pV = nRT, n_{CO_2} = \dfrac{pV}{RT}$。

设反应开始时 $CaCO_3$ 的质量为 x， $CaCO_3$ 分解的物质的量为

$$n_{CaCO_3} = n_{CO_2} = \frac{x}{100.1} \times 0.65$$

$$\frac{0.65x}{100.1} = \frac{pV}{RT}$$

$$x = \frac{100.1 pV}{0.65 RT} = \frac{100.1 \times 1.16 \times 1.01 \times 10^5 \times 12 \times 10^{-3}}{0.65 \times 8.314 \times (800 + 273)} = 24.3 (\text{g})$$

6. （1） $\qquad\qquad N_2(g) + 3H_2(g) \Longrightarrow 2NH_3(g)$

[平衡]/(mol·L^{-1}) $\quad \dfrac{0.2}{0.5} \qquad \dfrac{0.6}{0.5} \qquad\qquad \dfrac{0.1}{0.5}$

$$K^{\ominus} = \frac{[c_{NH_3} / c^{\ominus}]^2}{[c_{H_2} / c^{\ominus}]^3 [c_{N_2} / c^{\ominus}]} = \frac{[NH_3]^2}{[H_2]^3 [N_2]}$$

$$= \frac{\left(\dfrac{0.1}{0.5}\right)^2}{\left(\dfrac{0.6}{0.5}\right)^3 \times \left(\dfrac{0.2}{0.5}\right)} = 5.8 \times 10^{-2}$$

（2）设在平衡系统中加入 H_2 为 $x \text{ mol} \cdot \text{L}^{-1}$

	$N_2(g)$	$+$	$3H_2(g)$	$\Longrightarrow$	$2NH_3(g)$

[开始]/(mol·L^{-1}) $\quad$ 0.4 $\qquad\qquad\qquad$ 1.2+x $\qquad\qquad\qquad$ 0.2

[平衡]/(mol·L^{-1}) $\;$ $0.4 - 0.1 \times \dfrac{1}{2}$ $\qquad 1.2 - 0.1 \times \dfrac{3}{2} + x \qquad$ 0.2+0.1

$\qquad\qquad\qquad\quad =0.35 \qquad\qquad\quad =1.05+x \qquad\qquad =0.3$

$$K^{\ominus} = \frac{0.3^2}{0.35 \times (1.05 + x)^3} = 5.8 \times 10^{-2}$$

$$(1.05 + x)^3 = 4.43$$

$$x = 0.59$$

故需加 H_2 的物质的量为 $n_{H_2} = 0.59 \times 0.5 = 0.30(\text{mol})$。

7. $C_2H_5OH(l) \rightleftharpoons C_2H_5OH(g)$

（1）因在沸点下汽化 $p_{\text{大气}} = p_{\text{系}} = 0.600 p^{\ominus}$

（2）因 $K^{\ominus} = \dfrac{p_{\text{系}}}{p^{\ominus}} = \dfrac{0.600 p^{\ominus}}{p^{\ominus}} = 0.600$

$\Delta_r G_m^{\ominus} = -RT\ln K^{\ominus}$

故 $T_b = T = \dfrac{-\Delta_r G_m^{\ominus}}{R\ln K^{\ominus}} = \dfrac{-1.43 \times 10^3}{8.314 \times \ln 0.600} = 337(\text{K})$

（3）$\Delta_{\text{vap}} H_m^{\ominus} = \Delta_r H_m^{\ominus} = \Delta_r G_m^{\ominus} + T\Delta_r S_m^{\ominus} = -1.43 + 337 \times 121 \times 10^{-3} = 39.3(\text{kJ} \cdot \text{mol}^{-1})$

8. $\Delta U = \Delta H - p\Delta V$ 即 $\Delta U - \Delta H = -\Delta nRT$，因 $\Delta n = 2\text{mol}$

故 $\Delta U - \Delta H = -2 \times 8.314 \times 298 = -4955(\text{J}) = -4.96(\text{kJ})$

3.2 油料检测及监测

知识要点回顾

1）重要的基本概念

熵判据；吉布斯判据；熵与熵变；物质的标准摩尔熵与反应的标准摩尔熵；吉布斯函数与标准吉布斯函数变；物质的标准摩尔生成吉布斯函数变与反应的标准摩尔吉布斯函数变；盖斯定律；热力学等温方程式；反应商与标准平衡常数。

2）主要基本定律和应用

热力学第二定律；热力学第三定律。

3）主要计算公式

（1）恒温、封闭系统下，吉布斯等温方程为 $\Delta_r G_m = \Delta_r H_m - T\Delta_r S_m$

（2）反应的标准摩尔熵变为 $\Delta_r S_m^{\ominus} = \sum_B \nu_B S_m^{\ominus}$

（3）熵判据 $\Delta S_{\text{隔离}} \begin{cases} > 0, & \text{自发反应} \\ = 0, & \text{平衡状态} \end{cases}$

（4）298.15K 时反应的标准摩尔吉布斯函数变为 $\Delta_r G_m^{\ominus} = \sum_B \nu_B \Delta_f G_m^{\ominus}$

（5）任意温度下，反应的标准摩尔吉布斯函数变为

$$\Delta_r G_m^{\ominus}(T) = \Delta_r H_m^{\ominus}(298.15\text{K}) - T\Delta_r S_m^{\ominus}(298.15\text{K})$$

条件是 T 为任意温度，$\Delta_r G_m^{\ominus}(T)$、$\Delta_r H_m^{\ominus}$ 不随温度改变。

（6）标准平衡常数 $K^{\ominus}$ 与 $\Delta_r G_m^{\ominus}(T)$ 的关系为

$$\ln K^{\ominus} = -\Delta_r G_m^{\ominus}(T)/(RT), \quad K^{\ominus} = \prod_B (p_B^{eq}/p^{\ominus})^{\nu_B}$$

（7）平衡常数与温度的关系为 $\ln \dfrac{K_2^{\ominus}}{K_1^{\ominus}} = \dfrac{\Delta_r H_m^{\ominus}}{R} \left(\dfrac{T_2 - T_1}{T_2 T_1} \right)$

4）基本要求

（1）熟练掌握

① 反应自发性的判断；

② 反应的标准摩尔吉布斯函数变 $\Delta_r G_m^{\ominus}$ 和标准摩尔熵变 $\Delta_r S_m^{\ominus}$ 的意义及性质；

③ 利用物质的标准摩尔熵 $S_m^{\ominus}$ 计算反应的标准摩尔熵变 $\Delta_r S_m^{\ominus}$；

④ 利用物质的标准摩尔生成吉布斯函数变 $\Delta_f G_m^{\ominus}$ 计算反应的标准摩尔吉布斯函数变 $\Delta_r G_m^{\ominus}$ 的关系及计算；

⑤ 各类过程的 ΔS、ΔG 的计算；

⑥ 标准平衡常数的表示及有关计算；标准平衡常数与反应的标准摩尔吉布斯函数变 $\Delta_r G_m^{\ominus}$ 的关系及计算。

（2）正确理解

熵的含义；吉布斯能变的含义；平衡常数的含义。

（3）一般了解

熵的发展、熵的应用等内容。

📇 典型案例分析

【例 3-4】求反应 $N_2O_5(s) = 2NO_2(g) + \dfrac{1}{2}O_2(g)$ 的 $\Delta_r S_m^{\ominus}$（298.15K）。

解：

查表可知 $N_2O_5(S)$、$NO_2(g)$ 和 $O_2(g)$ 的 $S_m^{\ominus}$（298.15K）（J·K⁻¹·mol⁻¹）如下：

项目	N₂O₅(s)	NO₂(g)	O₂(g)
$S_m^{\ominus}$(298.15K)/(J·K⁻¹·mol⁻¹)	113.4	240.1	205.14

$\Delta_r S_m^{\ominus}$(298.15K) $= \sum_B \nu_B S_{m,B}^{\ominus}$(298.15K) $= 2 \times 240.1 + 205.14/2 - 113.4 = 469.4$(J·K⁻¹·mol⁻¹)。

【例 3-5】已知反应 $CaCO_3(s) = CaO(s) + CO_2(g)$ 的热力学数据如下：

项目	CaCO₃(s)	CaO(s)	CO₂(g)
$\Delta_r H_m^{\ominus}$(298.15K)/(kJ·mol⁻¹)	-1206.93	-635.09	-393.5
$S_m^{\ominus}$(298.15K)/(J·K⁻¹·mol⁻¹)	92.9	39.75	213.64

若知 $p(CO_2) = 30Pa$（空气中二氧化碳的体积分数为 0.03%），通过计算判断反应在 1000K 的自发性，并计算自发反应的温度条件。

解：

$$\Delta_r H_m^{\ominus}(298.15K)=\sum_B \nu_B \Delta_f H_{m,B}^{\ominus}(298.15K)=-635.09-393.5+1206.93=178.34(kJ \cdot mol^{-1})$$

$$\Delta_r S_m^{\ominus}(298.15K)=\sum_B \nu_B S_{m,B}^{\ominus}(298.15K)=213.64+39.75-92.9=160.49(J \cdot K^{-1} \cdot mol^{-1})$$

$$\Delta_r G_m^{\ominus}(1000K)\approx \Delta_r H_m^{\ominus}(298.15K)-1000\Delta_r S_m^{\ominus}(298.15K)=178.34-160.49=17.85(kJ \cdot mol^{-1})$$

根据热力学等温式：$\Delta_r G_m = \Delta_r G_m^{\ominus}+RT\ln\prod_B (p_B/p^{\ominus})^{\nu_B}$

$$\Delta_r G_m(1000K) = \Delta_r G_m^{\ominus}(1000K)+RT\ln[p(CO_2)/p^{\ominus}]=17.85+8.314\times10^{-3}\times1000\times\ln(0.03/100)$$
$$=-49.6 \ (kJ \cdot mol^{-1})$$

反应的吉布斯函数变小于 0，故反应能够自发进行。

反应自发温度的计算：

$$\Delta_r G_m(1000K)=\Delta_r G_m^{\ominus}(1000K)+RT\ln[p(CO_2)/p^{\ominus}] \leqslant 0$$

$$\Delta_r H_m^{\ominus}(298.15K)-T\Delta_r S_m^{\ominus}(298.15K)+RT\ln[p(CO_2)/p^{\ominus}] \leqslant 0$$

$$T \geqslant \frac{\Delta_r H_m^{\ominus}(298.15K)}{\Delta_r S_m^{\ominus}(298.15K)-R\ln[p(CO_2)/p^{\ominus}]}=782.4(K)$$

答： 反应在 1000K 时能够自发进行，自发温度为 782.4K。

 提高强化应用

一、单项选择题

1. 下列对摩尔反应吉布斯函数的叙述有错误的是（　　）。

    A. 恒温恒压下，如果一个反应 $\Delta_r G_m < 0$，这个反应可以自发进行

    B. 可逆反应建立平衡时，必有 $\Delta_r G_m^{\ominus}=0$

    C. 373K，$p^{\ominus}$ 下，水和同温同压下的水蒸气共存，该过程的 $\Delta_r G_m = 0$

    D. 某气相反应的 $\Delta_r G_m^{\ominus}$ 是指反应物与生成物处于 298K，且分压均为 $p^{\ominus}$ 时该反应的吉布斯函数

2. 下列有关熵的叙述中，正确的是（　　）。

    A. 熵是系统混乱的量度，在 0℃时，任何完美晶体的绝对熵为零

    B. 对一个化学反应来说，如果系统熵增，则反应将自发进行

    C. 在一个反应中，随着生成物增多熵增大

    D. 熵是系统混乱度的量度，相同物质的熵随温度的升高而增大

3. 已知一反应某时刻的 $\Delta_r G_m$，则下列各项中，能够确定的是（　　）。

    A. 催化剂对该反应的作用　　　　　　B. 该反应的反应速率快慢

    C. 该反应在此刻的反应方向　　　　　D. 该反应在标准状态下的反应方向

4. 在恒压下，某一化学反应在任意温度下均能自发进行，该反应应该满足的条件是（　　）。

    A. $\Delta_r H_m<0, \Delta_r S_m<0$　　　　　　　　B. $\Delta_r H_m>0, \Delta_r S_m>0$

    C. $\Delta_r H_m<0, \Delta_r S_m>0$　　　　　　　　D. $\Delta_r H_m>0, \Delta_r S_m<0$

5. 可逆循环的熵变是 ΔS_1，不可逆循环的熵变是 ΔS_2，两者关系是（　　　）。

　　A. $\Delta S_1 > \Delta S_2$ 　　　　　　　　　B. $\Delta S_1 < \Delta S_2$

　　C. $\Delta S_1 = \Delta S_2$ 　　　　　　　　　D. 同为 T, P 未定，所以 ΔS 值无法确定

6. 在标准状态下，0℃冰融化为 0℃水，则（　　　）。

　　A. $\Delta G^{\ominus} < 0$ 　　　B. $\Delta G^{\ominus} > 0$ 　　　C. $\Delta G^{\ominus} = 0$ 　　　D. $\Delta G^{\ominus} \leqslant 0$

7. 在某恒容绝热箱中发生 $H_2(g) + \dfrac{1}{2}O_2(g) \xrightarrow{\text{电火花}} H_2O(l)$ 的反应，若假设电火花能可以不计，则该变化过程为（　　　）。

　　A. $\Delta U = 0, \Delta H = 0, \Delta S < 0, \Delta G < 0$ 　　　B. $\Delta U = 0, \Delta H < 0, \Delta S < 0, \Delta G < 0$

　　C. $\Delta U = 0, \Delta H < 0, \Delta S = 0, \Delta G < 0$ 　　　D. $\Delta U = 0, \Delta H < 0, \Delta S > 0, \Delta G > 0$

8. 在一定温度下

　　（1）　$Br_2(g) = Br_2(l)$ 　　　　$\Delta_r H_{m1}^{\ominus} = -30.91 kJ \cdot mol^{-1}$

　　（2）　$\dfrac{1}{2}Br_2(g) + \dfrac{1}{2}H_2(g) = HBr$ 　　　　$\Delta_r H_{m2}^{\ominus}$

　　（3）　$\dfrac{1}{2}Br_2(l) + \dfrac{1}{2}H_2(g) = HBr$ 　　　　$\Delta_r H_{m3}^{\ominus}$

　　其中 $\Delta_r H_{m2}^{\ominus}$ 和 $\Delta_r H_{m3}^{\ominus}$ 的关系为（　　　）。

　　A. $\Delta_r H_{m2}^{\ominus} > \Delta_r H_{m3}^{\ominus}$ 　　　　　　　B. $\Delta_r H_{m2}^{\ominus} = \Delta_r H_{m3}^{\ominus}$

　　C. $\Delta_r H_{m2}^{\ominus} < \Delta_r H_{m3}^{\ominus}$ 　　　　　　　D. 不能确定

9. 液氨的蒸发热为 $23.2 kJ \cdot mol^{-1}$，其沸点为 $-33.4\,℃$，则液氨蒸发过程的 $\Delta S_m^{\ominus}$ 为（　　　）。

　　A. $77.9 J \cdot mol^{-1} \cdot K^{-1}$ 　　　　　　　B. $694.5 J \cdot mol^{-1} \cdot K^{-1}$

　　C. $96.8 J \cdot mol^{-1} \cdot K^{-1}$ 　　　　　　　D. $-77.9 J \cdot mol^{-1} \cdot K^{-1}$

10. 已知下述四个反应，在标准状态下进行

　　（1）　$2NH_4NO_3(s) \longrightarrow 2N_2(g) + 4H_2O(g) + O_2(g)$

　　（2）　$O_2(g) + \dfrac{1}{2}N_2(g) \longrightarrow NO_2(g)$

　　（3）　$CO(g) + H_2O(g) \longrightarrow CO_2(g) + H_2(g)$

　　（4）　$C_6H_6(l) + 3H_2(g) \longrightarrow C_6H_{12}(l)$

　　估计四个反应的熵变增减正确的是（　　　）。

　　A. $>$，$<$，$<$，$<$ 　　　　　　　B. $>$，$>$，$<$，$<$

　　C. $>$，$>$，$=$，$<$ 　　　　　　　D. $>$，$<$，$=$，$<$

11. 由 H_2 和 N_2 合成氨，其化学反应可写为

　　（1）　$3H_2(g) + N_2(g) === 2NH_3(g)$

　　（2）　$\dfrac{3}{2}H_2(g) + \dfrac{1}{2}N_2(g) === NH_3(g)$

　　（3）　$H_2(g) + \dfrac{1}{3}N_2(g) === \dfrac{2}{3}NH_3(g)$

　　若反应进度 $\xi = 0.5 mol$，则上述三个反应方程可生成的 NH_3 的物质的量分别为（　　　）。

A. 1，1，1   B. 1，0.5，0.33

C. 2，1，0.66   D. 不能确定

12. 已知下列物质在 298K 的热力学数据如下：

物质	$\Delta_f H_m^{\ominus} / (kJ \cdot mol^{-1})$	$\Delta_f G_m^{\ominus} / (kJ \cdot mol^{-1})$
$N_2O(g)$	+82.0	+104.2
$NO(g)$	+91.3	+87.6
$NO_2(g)$	+33.2	+51.8

试分析在高温下，由元素单质可以合成的是（   ）。

A. 三种物质   B. $N_2O(g)$ C. $NO_2(g)$ D. $NO(g)$

13. 某温度时，化学反应 $A + 2B \rightleftharpoons AB_2$ 的平衡常数 $K^{\ominus} = 1.0 \times 10^2$，若在相同温度下，反应 $\frac{1}{2}AB_2 \rightleftharpoons \frac{1}{2}A + B$ 的平衡常数为（   ）。

A. 10.0   B. 10^{-1} C. 10^{-4} D. 10^{-2}

14. 已知 $2NOCl(g) \rightleftharpoons 2NO(g) + Cl_2(g)$，$\frac{3}{2}NOCl(g) \rightleftharpoons \frac{3}{2}NO(g) + \frac{3}{4}Cl_2(g)$ 和 $\frac{1}{2}NOCl(g) \rightleftharpoons \frac{1}{2}NO(g) + \frac{1}{4}Cl_2(g)$ 的平衡常数分别为 K_1，K_2 和 K_3，则它们的关系为（   ）。

A. $K_1^{\ominus} = K_2^{\ominus} = K_3^{\ominus\frac{4}{3}}$ B. $K_1^{\ominus} = K_2^{\ominus\frac{1}{2}} = K_3^{\ominus\frac{4}{3}}$

C. $K_1^{\ominus} = K_2^{\ominus} = K_3^{\ominus\frac{4}{3}}$ D. $K_1^{\ominus} = \frac{1}{2}K_2^{\ominus} = \frac{4}{3}K_3^{\ominus}$

15. 已知在 1123K 时反应

$2COCl_2(g) \rightleftharpoons C(s) + CO_2(g) + 2Cl_2(g)$ $K_1^{\ominus} = 2.1 \times 10^{-10}$

$COCl_2(g) \rightleftharpoons CO(g) + Cl_2(g)$ $K_2^{\ominus} = 1.6 \times 10^2$

则反应 $C(s) + CO_2(g) \rightleftharpoons 2CO(g)$ 的 $K_3^{\ominus}$ 为（   ）。

A. 1.2×10^{14} B. 7.5×10^{-15} C. 2.9×10^7 D. 1.6×10^{12}

二、填空题

1. 液体在正常沸点下沸腾时，系统的 $\Delta G^{\ominus}$ 为（   ），$\Delta S^{\ominus}$ 为（   ），$\Delta H^{\ominus}$ 为（   ）（用 >0, =0, <0 表示）。

2. 已知硝酸钾固体在水中溶解时会吸热，系统的 ΔS（   ）0（<，>，=）。但在室温时，它仍易溶于水，由此可推得（   ）函数的变化值应当（   ）0（>，<，=）。

3. 已知反应 $CCl_4(l) + H_2(g) \rightleftharpoons HCl(g) + CHCl_3(l)$ 的 $\Delta_r H_m^{\ominus} = -90.3 k \cdot mol^{-1}$，$\Delta_r S_m^{\ominus} = 41.5 J \cdot mol^{-1} \cdot K^{-1}$。在标准状态下，298K 时，$\Delta_r G_m^{\ominus}$ 为（   ），反应朝（   ）方向进行。若 $H_2(g)$ 的分压为 $1p^{\ominus}$，$HCl(g)$ 的分压是 $0.01p^{\ominus}$，则系统的 $\Delta_r G_m$ 等于（   ），反应朝（   ）方向进行。在此非标准态下，正向反应的趋势变（   ）（大，小）。

4. 在 823K 时，反应：

(1) $CO_2(g) + H_2(g) \rightleftharpoons CO(g) + H_2O(g)$ $\Delta_r G_{m1}^{\ominus} = 28.6 \text{kJ} \cdot \text{mol}^{-1}$

(2) $CO(g) + H_2O(g) \rightleftharpoons CO_2(g) + H_2(g)$ $\Delta_r G_{m2}^{\ominus} = 14.4 \text{kJ} \cdot \text{mol}^{-1}$

则反应（3）$CoO(s) + CO(g) \rightleftharpoons Co(s) + CO_2(g)$ 的 $K^{\ominus} = ($ $)$。

5. 已知反应 $CO(g) + H_2O(g) \rightleftharpoons CO_2(g) + H_2(g)$ 的 $\Delta_r H_m^{\ominus} = -42.4 \text{kJ} \cdot \text{mol}^{-1}$，当反应达到平衡时：

(1) 若加入催化剂，平衡（   ）移动（正向，逆向，不）；

(2) 若体积不变，减少 $CO(g)$ 的物质的量，平衡（   ）移动；

(3) 若体积缩小，平衡（   ）移动，因为（   ）；

(4) 若升温，则 $K_p^{\ominus}$（   ）（增加，减小），平衡（   ）移动。

三、问答题

1. 熵变的定义来自可逆过程，为什么可用来计算不可逆过程的熵变？

2. 经验平衡常数就是标准平衡常数吗？

四、计算题

1. $1.00 \text{mol } H_2O$ 在其正常沸点时，蒸发为 101.33kPa 的水蒸气。已知在正常沸点、压力为 101.33kPa 时，$H_2O(l)$ 和 $H_2O(g)$ 的摩尔体积分别为 $18.79 \times 10^{-3} \text{L} \cdot \text{mol}^{-1}$、$30.22 \text{L} \cdot \text{mol}^{-1}$，已知 H_2O 的蒸发热为 $40.66 \text{kJ} \cdot \text{mol}^{-1}$。请计算 $1 \text{mol } H_2O$ 在此过程中的 W、$\Delta H^{\ominus}$、$\Delta U^{\ominus}$、$\Delta S^{\ominus}$、$\Delta_r G_m^{\ominus}$。

2. 在标准状态下，当水煤气反应 $C(s) + H_2O(g) \rightleftharpoons CO(g) + H_2(g)$ 达到平衡时，其反应温度为多少？

已知热力学数据如下：

物质	$\Delta_f H_m^{\ominus} / (\text{kJ} \cdot \text{mol}^{-1})$	$\Delta_f G_m^{\ominus} / (\text{kJ} \cdot \text{mol}^{-1})$
$H_2O(g)$	-241.8	-228.6
$CO(g)$	-110.5	-137.2

3. NH_4Cl 的分解反应为 $NH_4Cl(s) \rightleftharpoons NH_3(g) + HCl(g)$，已知在 700K 和 732K 时，分解反应的标准平衡常数分别为 9.00 和 30.3，试计算 700K 时 $NH_4Cl(s)$ 的饱和蒸气压、$\Delta_r G_m^{\ominus}$、$\Delta_r H_m^{\ominus}$ 及 732K 时 $\Delta_r S_m^{\ominus}$。

4. 氯化磷按下式分解 $PCl_5(g) \rightleftharpoons PCl_3(g) + Cl_2(g)$，在 250℃时，2.00L 密闭容器中的 0.700 PCl_5 有 0.200mol 分解，计算该温度下上述反应的平衡常数。

🔑 提高强化应用参考答案

一、单项选择题

1. B 2. D 3. C 4. C 5. C 6. C 7. B 8. C 9. C 10. A 11. B 12. D 13. B 14. C 15. A

二、填空题

1. =0 >0 >0
2. > 吉布斯 <
3. $-102.7kJ \cdot mol^{-1}$ 正 $-102.7kJ \cdot mol^{-1}$ 正 大
4. 536
5. （1）不

   （2）逆向

   （3）不 反应前后气体分子数相等

   （4）减小 逆向

三、问答题

1. 熵变的定义来自可逆过程, 如果一个系统由热力学状态 A 到热力学状态 B, 此过程是一可逆过程, 则熵变定义为 $\Delta S = S_B - S_A = \int_A^B \dfrac{dQ_R}{T}$, 系统的熵变等于可逆过程的热温商（热除以温度称为热温商）。对恒温可逆过程, 则 $\Delta S = \dfrac{Q_R}{T}$。

根据上述定义, 只有可逆过程的热温商才等于熵变。而自然界中所有实际进行的过程都是不可逆的, 要计算过程的熵变, 可根据熵是状态函数, 过程熵变只与初终态有关的性质来设计一个始态和终态与不可逆过程相同的可逆过程, 利用设计的可逆过程的热温商来计算不可逆过程的熵变。

2. 经验平衡常数的浓度平衡常数 K_c 和压力平衡常数 K_p, 均由实验测出平衡组分的浓度或分压后计算得到, 所以又称为实验平衡常数, 是有量纲的量。

在热力学计算中所用的均为标准平衡常数 $K^{\ominus}$。在标准平衡常数的表达式中, 反应各物质的分压和浓度都要除以其标准状态的压力 $p^{\ominus}$, 或标准状态浓度 $b^{\ominus}(1mol \cdot kg^{-1})$, 这样标准平衡常数 $K^{\ominus}$ 是一无量纲的纯数, 不再区分 K_p 或 K_c。

四、计算题

1. $W = -p_{外}\Delta V = -101.33 \times 30.22 \times 10^{-3} = -3.062(kJ)$

   $\Delta H = \Delta_{vap}H = 40.66kJ \cdot mol^{-1}$

   $\Delta U = Q_p + W = \Delta_{vap}H_m + W = 40.66 \times 1 - 3.062 = 37.60(kJ)$

   $\Delta S = Q_R / T = \dfrac{\Delta_{vap}H_m^{\ominus}}{T} = \dfrac{40.66 \times 10^3}{373} = 109(J \cdot mol^{-1} \cdot K^{-1})$

   $\Delta_{vap}G_m^{\ominus}(373k) = 0$

2. $C(s) + H_2O(g) \Longrightarrow CO(g) + H_2(g)$

   $\Delta_r H_m^{\ominus} = \sum_B \nu_B \Delta_f H_m^{\ominus} = -110.5 + 0 - (-241.8) - 0 = 131.3(kJ \cdot mol^{-1})$

   $\Delta_r G_m^{\ominus} = \sum_B \nu_B \Delta_f G_m^{\ominus} = -137.2 + 0 - (-228.6) - 0 = 91.4(kJ \cdot mol^{-1})$

故 $\Delta_r S_m^\ominus = \dfrac{\Delta_r H_m^\ominus - \Delta_r G_m^\ominus}{298} = \dfrac{(131.3 - 91.4) \times 10^3}{298} = 133.9(\text{J} \cdot \text{K}^{-1} \cdot \text{mol}^{-1})$

因 $\Delta_r H_m^\ominus(T) \approx \Delta_r H_m^\ominus(298K), \Delta_r S_m^\ominus(T) \approx \Delta_r S_m^\ominus(298K)$

达平衡时 $\Delta_r G_m^\ominus(T) = 0$

故 $T = \dfrac{\Delta_r H_m^\ominus}{\Delta_r S_m^\ominus} = \dfrac{131.3 \times 10^3}{133.9} = 980.6 \approx 981(\text{K})$

所以在标准状态下，当反应温度达 981K 时，系统可达平衡。

3.（1）因 $K^\ominus = \dfrac{p_{HCl}}{p^\ominus} \times \dfrac{p_{NH_3}}{p^\ominus} = \dfrac{1}{4} \times \dfrac{(p_{NH_4Cl})^2}{(p^\ominus)^2} = 9.00$

故 $p_{NH_4Cl} = 6.08 \times 10^2 \text{kPa}$

（2） $\Delta_r G_m^\ominus(700K) = -RT\ln K^\ominus = -8.314 \times 10^{-3} \times 700 \times \ln 9.00 = -12.8(\text{kJ} \cdot \text{mol}^{-1})$

$\Delta_r G_m^\ominus(732K) = -RT\ln K^\ominus = -8.314 \times 10^{-3} \times 732 \times \ln 30.3 = -20.8(\text{kJ} \cdot \text{mol}^{-1})$

（3）因 $\ln \dfrac{K_2^\ominus}{K_1^\ominus} = \dfrac{-\Delta_r H_m^\ominus}{R}\left(\dfrac{1}{T_2} - \dfrac{1}{T_1}\right)$

$\ln \dfrac{30.3}{9.00} = \dfrac{-\Delta_r H_m^\ominus}{8.314 \times 10^{-3}}\left(\dfrac{1}{732} - \dfrac{1}{700}\right)$

$\Delta_r H_m^\ominus = 1.62 \times 10^2(\text{kJ} \cdot \text{mol}^{-1})$

（4）732K 时因 $\Delta_r G_m^\ominus = \Delta_r H_m^\ominus - T\Delta_r S_m^\ominus$

$\begin{aligned} \Delta_r S_m^\ominus &= \dfrac{\Delta_r H_m^\ominus - \Delta_r G_m^\ominus}{T} = \dfrac{1.62 \times 10^2 - (-20.8)}{732} \\ &= 0.25(\text{kJ} \cdot \text{mol}^{-1} \cdot \text{K}^{-1}) \\ &= 2.50 \times 10^2(\text{J} \cdot \text{mol}^{-1} \cdot \text{K}^{-1}) \end{aligned}$

4．根据已知条件及反应：

项目	$PCl_5(g) \rightleftharpoons PCl_3(g) + Cl_2(g)$		
	$PCl_5(g)$	$PCl_3(g)$	$Cl_2(g)$
起始物质的量/mol	0.700	0	0
变化物质的量/mol	-0.200	+0.200	+0.200
平衡时物质的量/mol	0.500	0.200	0.200
平衡时总物质的量/mol	0.900		

由 $pV = nRT$ 得 $p = \dfrac{0.900 \times 8.314 \times 523}{2.0 \times 10^{-3}} = 1.96 \times 10^3 (\text{kPa})$

平衡时各组分的分压 $p_{PCl_5} = 1.96 \times 10^3 \times \dfrac{0.500}{0.900}$

$p_{Cl_2} = p_{PCl_3} = 1.96 \times 10^3 \times \dfrac{0.200}{0.900}$

$$K^{\ominus} = \frac{(p_{PCl_3} / p^{\ominus})(p_{Cl_2} / p^{\ominus})}{p_{PCl_5} / p^{\ominus}} = \frac{\left(\dfrac{0.200}{0.900}\right)^2}{\dfrac{0.500}{0.900}} \times \frac{1.96 \times 10^3}{101.33} = 1.72$$

3.3 油料使用安全

知识要点回顾

1）重要的基本概念

化学反应速率；速率方程；速率常数；反应级数；有效碰撞；活性分子；活化能；反应速率与感应速率常数；质量作用定律；基元反应与反应级数；活化能与活化分子；催化剂。

2）主要基本定律和应用

质量作用定律；碰撞理论和过渡状态理论；催化机理。

3）主要计算公式

（1）反应的速率常数与温度的关系为 $\ln \dfrac{k_1}{k_1} = \dfrac{E_a}{R}\left(\dfrac{T_2 - T_1}{T_2 T_1}\right)$

（2）对于反应 $a\text{A} + b\text{B} \longrightarrow$ 产物，则反应级数：

$$反应级数 = \sum_{\text{B}} \nu_{\text{B}} \text{B}$$

其中，ν_{B} 为化学计量数，B 是反应方程式中的反应物。

（3）对于反应 $a\text{A} + b\text{B} \longrightarrow$ 产物，质量作用定律：$\nu = k c^a(\text{A}) c^b(\text{B})$

（4）阿伦尼乌斯方程：$k = A\text{e}^{-E_a / RT}$

4）基本要求

（1）熟练掌握

① 质量作用定律的应用及相关条件；

② 基元反应速率方程式的表示；

③ 反应活化能的表示及对反应速率的影响；

④ 反应的速率常数与温度的关系；

⑤ 影响平衡移动的因素；

⑥ 影响反应速率的因素。

（2）正确理解

催化作用原理，催化剂是如何改变反应速率的；多重平衡规则。

（3）一般了解

链式反应，合成氨反应的工业化及应用等。

📚 典型案例分析

【例3-6】已知反应 $CuO(s)\!=\!=\!=\!Cu(s)+\dfrac{1}{2}O_2(g)$ 的热力学数据如下：

项目	$O_2(g)$	$Cu(s)$	$CuO(s)$
$\Delta_r H_m^\ominus\,(298.15K)/(kJ \cdot mol^{-1})$	0	0	-169
$S_m^\ominus\,(298.15K)/(J \cdot K^{-1} \cdot mol^{-1})$	205.14	33.15	93.14

① 计算标准状态下反应自发进行的温度；

② 计算1000K时反应的 $K^\ominus$ 和平衡时 O_2 的分压。

解：

$\Delta_r H_m^\ominus(298.15K)=169kJ \cdot mol^{-1}$

$\Delta_r S_m^\ominus(298.15K)=205.14/2+33.15-93.14=42.58(J \cdot K^{-1} \cdot mol^{-1})=0.04258(kJ \cdot k^{-1} \cdot mol^{-1})$

① 自发进行的温度为

$$T \geqslant \left| \frac{\Delta_r H_m^\ominus(298.15K)}{\Delta_r S_m^\ominus(298.15K)} \right| = \frac{169}{0.04258} = 2232(K)$$

② $\Delta_r G_m^\ominus(1000K) \approx \Delta_r H_m^\ominus(298.15K)-1000\,\Delta_r S_m^\ominus(298.15K)=169-1000\times0.04258=$ $93.27(kJ \cdot mol^{-1})$

根据 $\ln K^\ominus=-\Delta_r G_m^\ominus/RT$ 得：$K^\ominus=e^{-11.22}=1.34\times10^{-5}$

根据标准平衡常数的定义式，$K^\ominus=[p^{eq}(O_2)/p^\ominus]^{1/2}=1.34\times10^{-5}$

$$p^{eq}(O_2)=(K^\ominus)^2\,p^\ominus=1.8\times10^{-5}Pa$$

答：在标准状态下反应自发进行的温度为2232K；1000K下的标准平衡常数为 1.34×10^{-5}，氧气的平衡分压为 $1.8\times10^{-5}Pa$。

【例3-7】已知反应 $2SO_2(g)+O_2(g)\!=\!=\!=\!2SO_3(g)$ 的热力学数据如下：

项目	$SO_2(g)$	$SO_3(g)$
$\Delta_r H_m^\ominus\,(298.15K)/(kJ \cdot mol^{-1})$	-296.83	-395.7
$\Delta_r G_m^\ominus\,(298.15K)/(kJ \cdot mol^{-1})$	-300.19	-371.1

① 反应在298.15K和标准状态下能否自发进行？

② 求反应在标准状态下自发进行的温度以及在800K时的平衡常数。

解：

① $\Delta_r G_m^{\ominus}(298.15K)=-371.1\times2+300.19\times2=-141.8(kJ\cdot mol^{-1})<0$，反应在 298.15K 和标准状态下能自发进行。

② $\Delta_r H_m^{\ominus}(298.15K)=-395.7\times2+296.83\times2=-197.7(kJ\cdot mol^{-1})$

根据吉布斯公式可得：

$$\Delta_r S_m^{\ominus}(298.15K)=\frac{\Delta_r H_m^{\ominus}(298.15K)-\Delta_r G_m^{\ominus}(298.15K)}{298.15}=\frac{-197.7-(-141.8)}{298.15}$$

$$=-0.1875(kJ\cdot K^{-1}\cdot mol^{-1})$$

自发进行的温度为

$$T\geqslant\left|\frac{\Delta_r H_m^{\ominus}(298.15K)}{\Delta_r S_m^{\ominus}(298.15K)}\right|=\left|\frac{-197.7}{-0.1875}\right|=1054(K)$$

在 800K 时，反应的标准摩尔吉布斯函数变为

$$\Delta_r G_m^{\ominus}(800K)\approx\Delta_r H_m^{\ominus}(298.15K)-800\Delta_r S_m^{\ominus}(298.15K)$$

$$=-197.7-800\times(-0.1875)=-47.7(kJ\cdot mol^{-1})$$

根据 $\ln K^{\ominus}=-\Delta_r G_m^{\ominus}/RT$ 得 $K^{\ominus}=1302$

答：在标准状态和 298.15K 时，反应能自发进行，自发温度为 1054K。800K 的标准平衡常数为 1302。

【例 3-8】1215K 时，反应 $CO_2(g)+H_2(g)\rightleftharpoons CO(g)+H_2O(g)$ 的 $K^{\ominus}=1.44$，如将上述都为 0.15mol 的四种气体放入密闭容器中进行反应。①通过计算判断反应进行的方向；②求 H_2 的转化率。

解：

① $J=\dfrac{[p(CO)/p^{\ominus}][p(H_2O)/p^{\ominus}]}{[p(CO_2)/p^{\ominus}][p(H_2)/p^{\ominus}]}=\dfrac{0.15\times0.15}{0.15\times0.15}=1<K^{\ominus}$，反应正向进行，直至达到平衡。

② 设 H_2 的平衡转化率为 x，根据已知条件及反应有：

	$CO_2(g)$	+	$H_2(g)$	$\rightleftharpoons$	$CO(g)$	+	$H_2O(g)$
起始时物质的量/mol	0.15		0.15		0.15		0.15
平衡时物质的量/mol	0.15(1−x)		0.15(1−x)		0.15(1+x)		0.15(1+x)

平衡时总的物质的量：n（总）=0.6mol

根据大学物理中所学的分压定律，平衡时，反应系统各组分的分压为

$$p^{eq}(CO)=\frac{n(CO)}{n(总)}p(总)=\frac{0.15(1+x)}{0.6}p(总)$$

$$p^{eq}(H_2O)=\frac{n(H_2O)}{n(总)}p(总)=\frac{0.15(1+x)}{0.6}p(总)$$

$$p^{eq}(CO)=\frac{n(H_2)}{n(总)}p(总)=\frac{0.15(1-x)}{0.6}p(总)$$

$$p^{eq}(CO_2)=\frac{n(CO_2)}{n(总)}p(总)=\frac{0.15(1-x)}{0.6}p(总)$$

$$K^{\ominus}=\frac{[p^{eq}(CO)/p^{\ominus}][p^{eq}(H_2O)/p^{\ominus}]}{[p(CO_2)/p^{\ominus}][p(H_2)/p^{\ominus}]}=\frac{(1+x)^2}{(1-x)^2}=1.44$$

$$x=1/11=9.09\%$$

答：反应向正向进行，达到平衡时 H_2 的转化率为 9.09%。

✏ 提高强化应用

一、单项选择题

1. 下列关于化学反应速率的叙述中，错误的是（　　　　）。

　　A. 反应速率是用单位时间内反应物浓度减少或生成物浓度的增加来表示的

　　B. 反应速率随反应物浓度降低而减慢

　　C. 同一反应，用不同物质的浓度变化来表示反应速率时，其数值是相同的

　　D. 当 $\Delta t \rightarrow 0$，反应平均速率代表某时刻的瞬时速率

2. 反应 $aA+bB \longrightarrow gG+dD$ 的速率方程可表示为（　　　　）。

　　A. $U=kc_A^a c_B^b$　　　B. $U=kc_A^x c_B^y$　　　C. $U=kc_G^g c_D^d$　　　D. $U=kc_A^g c_B^d$

3. 速率常数 k 是一个（　　　　）。

　　A. 无量纲的参数

　　B. 量纲为 $mol \cdot L^{-1} \cdot s^{-1}$ 的参数

　　C. 量纲为 $mol^2 \cdot L^{-1} \cdot s^{-1}$ 的参数

　　D. 量纲不定的参数

4. 对于反应 $A+B \longrightarrow C$，其速率方程式为：$U=kc_A^{0.5} c_B^1$。如果 A、B 浓度都增加到原来 4 倍，那么反应速率将增加（　　　　）。

　　A. 16 倍　　　　　B. 8 倍　　　　　C. 4 倍　　　　　D. 2 倍

5. 根据阿伦尼乌斯方程 $k=Ae^{\frac{-E_a}{RT}}$ 和实验数据，在求取某一反应的活化能时，应首先作下列直线关系图（　　　　）。

　　A. $k \sim \dfrac{1}{T}$　　　　　　　　　　B. $k \sim E_a$

　　C. $\ln k \sim \dfrac{1}{T}$　　　　　　　　D. $\ln k \sim \dfrac{1}{E_a}$

6. 对于 $\Delta_r G_m<0$ 的反应，使用正催化剂可以使（　　　　）。

　　A. $U_正$ 大大增加　　　　　　　　B. $U_正$、$U_逆$ 皆增加

　　C. $U_正$ 减少　　　　　　　　　　D. 无影响

7. $A \rightleftharpoons B+C$ 是吸热的可逆基元反应，正反应的活化能为 E_{a1}，逆反应的活化能为 E_{a2}，那么（　　　　）。

　　A. $E_{a1}<E_{a2}$　　　　　　　　B. $E_{a1}>E_{a2}$

　　C. $E_{a1}=E_{a2}$　　　　　　　　D. 其他选项均有可能

8. 下列叙述不能解释温度对化学反应速率的影响的是（　　）。

　　A. 升高温度，使活化分子百分数增加，加快了反应速率

　　B. 升高温度，改变了反应的历程而降低了反应的活化能，加快了反应速率

　　C. 升高温度，使分子间碰撞次数增加，加快了反应速率

　　D. 升高温度，使较多的分子获得能量而成为活化分子，增加了活化分子百分数，加快了反应速率

9. 某反应 $A + B \longrightarrow C$，在下列叙述中错误的是（　　）。

　　A. 如实测反应速率 $U = kc_A$，则此反应必定不是基元反应

　　B. 如是复杂反应，也有可能 $U = kc_A c_B$

　　C. 如反应速率 $U = kc_A^{0.5} c_B$，则此反应必定不是基元反应

　　D. 如是简单反应，一定可以写成 $U = kc_A c_B$

10. 零级反应的速率应（　　）。

　　A. 恒为零

　　B. 与反应物浓度成正比

　　C. 与生成物浓度成正比

　　D. 与反应物和生成物的浓度均无关，是一常数

11. 反应 $2NO(g) + 2H_2(g) = N_2(g) + 2H_2O(g)$ 的速率常数 k 的单位是 $L^2 \cdot mol^{-2} \cdot s^{-1}$，则此反应的反应级数是（　　）。

　　A. 1　　　　　　B. 2　　　　　　C. 3　　　　　　D. 4

12. 下列叙述正确的是（　　）。

　　A. 凡速率方程式中各物质的浓度的指数等于方程式中其化学式前的系数时，此反应必为基元反应

　　B. 反应级数等于反应物在反应方程式中的化学计量数之和

　　C. 反应速率与反应物浓度的乘积成正比

　　D. 非基元反应是由若干基元反应组成的

13. 任何一个化学反应的半衰期都应（　　）。

　　A. 随速率常数和初始浓度的改变而改变

　　B. 随催化剂的加入而改变

　　C. 随速率常数的变化而改变

　　D. 只随初始浓度的变化而改变

14. 某基元反应 $\Delta_r H_m^{\ominus} = 80 kJ \cdot mol^{-1}$，则该正反应的活化能为（　　）。

　　A. 等于或小于 $80 kJ \cdot mol^{-1}$

　　B. 大于或小于 $80 kJ \cdot mol^{-1}$

　　C. 大于 $80 kJ \cdot mol^{-1}$

　　D. 只能小于 $80 kJ \cdot mol^{-1}$

15. 下列叙述不正确的是（　　）。

　　A. 活化能大小不一定表示一个反应的快慢，但可以表示一个反应受温度的影响是否显著

B．当比较任意两个反应，速率常数 k 较大的反应，其反应速率不一定较大

C．任意一个反应的半衰期（$t_{1/2}$）都与反应物的浓度无关

D．任意一个基元反应，其反应速率都与反应物浓度的乘积成正比

二、填空题

1．可逆反应 $A(g) + B(s) \rightleftharpoons 2C(g)$，$\Delta_r H_m^\ominus (298.15K) < 0$，达到平衡时，如果改变下述操作条件，试将其他各项发生的变化填入表中。

操作条件	$\nu_{正}$	$\nu_{逆}$	$\nu_{正}$	$\nu_{逆}$	平衡常数	平衡移动方向
增加 A(g) 的分压						
压缩体积						
降低温度						
使用正催化剂						

2．在相同温度时，五个基元反应的正、逆反应活化能数据如下：

基元反应	正反应活化能	逆反应活化能
A	90	35
B	10	30
C	42	45
D	30	90
E	15	35

（1）正反应 $\Delta H > 0$ 的反应是_____；

（2）放热最多的反应是_____；

（3）正反应速率常数最大的反应是_____；

（4）反应可逆性最大的反应是_____；

（5）正反应的速率常数 k 随温度变化最大的反应是_____。

三、问答题

1．由质量作用定律得到的速率方程和化学反应速率方程有何异同之处？

2．温度升高，反应速率增大，对于活化能大小不同的反应，增大的倍数是否相同？为什么？

3．催化剂能改变反应速率，却不能改变化学平衡，为什么？

4．写出由以下反应机理所代表的总反应式和该反应的速率方程式。

$$2N_2O_5(g) \rightleftharpoons 2NO_2(g) + 2NO_3(g) \qquad （快）①$$

$$NO_2(g) + NO_3(g) \longrightarrow NO(g) + O_2(g) + NO_2(g) \qquad （慢）②$$

$$NO(g) + NO_3(g) \rightleftharpoons 2NO_2(g) \qquad （快）③$$

5. 一氧化碳与氯气在高温下作用得光气, 实验测得反应的速率方程式为 $\dfrac{dc_{COCl}}{dt} = kc_{CO}c_{Cl_2}^{\frac{3}{2}}$, 有人建议其反应机理为

$$Cl_2 \underset{k_{-1}}{\overset{k_1}{\rightleftharpoons}} 2Cl \qquad\qquad (快)①$$

$$Cl + CO \underset{k_{-2}}{\overset{k_2}{\rightleftharpoons}} COCl \qquad\qquad (快)②$$

$$COCl + Cl_2 \overset{k_3}{\longrightarrow} COCl_2 + Cl \qquad\qquad (慢)③$$

（1）试说明这一机理与反应速率方程式是一致的。

（2）指出速率方程式中的 k 与反应机理中速率常数 $(k_1, k_{-1}, k_2, k_{-2}, k_3)$ 之间的关系。

四、计算题

1. 反应 $A + B \longrightarrow C$ 五次实验测定 A、B 的浓度 $(mol \cdot L^{-1})$ 的数据如下表:

编号	$c_A / (mol \cdot L^{-1})$	$c_B / (mol \cdot L^{-1})$	初始反应速率 $/(mol \cdot L^{-1} \cdot s^{-1})$
①	0.01	0.01	0.05
②	0.01	0.02	0.20
③	0.01	0.03	0.45
④	0.02	0.01	0.10
⑤	0.03	0.01	0.15

试由此表数据求:

（1）反应速率方程和反应级数;

（2）反应速率常数;

（3）A、B 浓度均为 $0.50 mol \cdot L^{-1}$ 的初始反应速率。

2. 蔗糖催化水解 $C_{12}H_{22}O_{11} + H_2O \overset{催化剂}{\longrightarrow} 2C_6H_{12}O_6$ 是一级反应。在 298K 时, 其速率常数为 $5.7 \times 10^{-5} s^{-1}$。若反应的活化能为 $110 kJ \cdot mol^{-1}$, 求在 283K 时的速率常数。

3. 反应 $A \longrightarrow B$ 的半衰期与 A 的初始浓度无关, 在 27.0℃ 时 $t_{1/2} = 300s$, 此温度下若 A 的初始浓度 $c_{A0} = 1.00 mol \cdot L^{-1}$, 那么在 $t = 200s$ 时 A 的转化率是多少?

4. 鲜牛奶放久会变酸, 经实验测定, 当温度在 310K 时约经 4h 会变酸, 若温度在 285K 时, 可保持 40h 不变质, 则由此可计算出牛奶变酸反应的活化能为多少（$kJ \cdot mol^{-1}$）?

5. 在 970K 下, 反应 $2N_2O(g) \rightleftharpoons 2N_2(g) + O_2(g)$, 起始时 N_2O 的压力为 $2.93 \times 10^4 Pa$, 总压力为 $3.33 \times 10^4 Pa$, 求反应时间 300s 内 N_2O 的平均消失速率和 O_2 的平均生成速率。

6. 反应 $C_2N_6(g) \rightleftharpoons C_2H_4(g) + H_2(g)$, 开始阶段反应级数近似为 $\dfrac{3}{2}$ 级, 在 910K 时速率常数为 $1.33 L^{0.5} \cdot mol^{-0.5} \cdot s^{-1}$, 计算在 910K 下, $C_2H_6(g)$ 的压力为 $1.33 \times 10^4 Pa$ 时的起始分

解速率 $\left(-\dfrac{\mathrm{d}c_{C_2H_6}}{\mathrm{d}t}\right)$。

提高强化应用参考答案

一、单项选择题

1. C 2. B 3. D 4. B 5. C 6. B 7. B 8. B 9. A 10. D 11. C 12. D
13. C 14. C 15. C

二、填空题

1.

操作条件	$v_{正}$	$v_{逆}$	$v_{正}$	$v_{逆}$	平衡常数	平衡移动方向
增加 A(g) 的分压	增大	增大	不变	不变	不变	正向移动
压缩体积	增大	增大	不变	不变	不变	逆向移动
降低温度	减小	减小	减小	减小	增大	正向移动
使用正催化剂	增大	增大	增大	增大	不变	不移动

2.（1）A $\Delta_r H_m^{\ominus} = E_{正} - E_{逆} > 0$

（2）D $\Delta_r H_m^{\ominus} \leqslant 0$，且其绝对值最大

（3）B $E_{正}$ 最小

（4）C $E_{正}$、$E_{逆}$ 相差最小

（5）A $E_{正}$ 最大

三、问答题

1. 两者均表示反应速率与反应物浓度间的定量关系，但适用范围不相同。前者仅适用于基元反应，而后者适用于任何反应。如果有反应 $a\text{A} + b\text{B} \longrightarrow g\text{G} + d\text{D}\uparrow$，若为基元反应，则两种速率方程的表示形式相同：$v = kc_A^a c_B^b$。若为非基元反应，则按反应机理，其每一步基元反应的速率方程式可按质量作用定律得到的速率方程式表示，但表示总反应的化学速率方程式应按反应机理，由速率最慢的一步反应式来书写，可表示成 $v = kc_A^x c_B^y$。而其中 x，y 必须依靠实验测得。

2. 温度升高，反应速率增大，对一般反应来说是普遍规律。但对于活化能大小不同的反应，增大的倍数是不相同的。当温度升高相同数目时，活化能大的反应比活化能小的反应增加倍数大。可有两种方式证明：

（1）把实验测得不同温度下的 $\ln k$ 对 $\dfrac{1}{T}$ 作图可得一条直线，直线的斜率为 $-\dfrac{E_a}{R}$，截距为 $\ln A$（见图 3-1）。

图中两条不同斜率的直线分别代表活化能不同的两个化学反应。图中 a 线的 E_a 大于 b 线的 E_a。若温度升高 ΔT，很明显，活化能大的反应 k 增加多，反应速率增加的倍数较大。

（2）又例如有两个化学反应，它们的反应速率常数与温度的关系均服从阿伦尼乌斯方程。反应①的活化能为104.6kJ·mol·L^{-1}，反应②的活化能为125.5kJ·mol^{-1}，若温度由300K升至310K，则反应速率增加的倍数分别为：

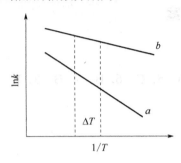

图 3-1　$\ln k$ 对 $\dfrac{1}{T}$ 作图

反应①升高10K

$$\ln \frac{k_{310}}{k_{300}} = \frac{E_a}{R}\left(\frac{T_2 - T_1}{T_1 T_2}\right) = \frac{104.6 \times 10^3}{8.3145} \times \left(\frac{310 - 300}{310 \times 300}\right) = 1.35 ，\quad \frac{k_{310}}{k_{300}} = 3.86 。$$

反应②升高10K

$$\ln \frac{k_{310}}{k_{300}} = \frac{E_a}{R}\left(\frac{T_2 - T_1}{T_1 T_2}\right) = \frac{125.5 \times 10^3}{8.3145} \times \left(\frac{310 - 300}{310 \times 300}\right) = 1.62 ，\quad \frac{k_{310}}{k_{300}} = 5.05 。$$

计算结果说明升高温度对活化能大的反应影响更为显著。

3. 催化剂能加快化学反应速率，是因为它参与了反应，改变了反应的历程，降低了反应的活化能。以530K下HI的分解为例，若在无催化剂时活化能为184.1kJ·mol^{-1}，速率常数为k_1，当以Au作催化剂时，其活化能降为104.6kJ·mol^{-1}，速率常数为k_2，由阿伦尼乌斯方程可得：

$$\frac{k_2}{k_1} = \frac{A_2 \mathrm{e}^{-E_{a2}/RT}}{A_1 \mathrm{e}^{-E_{a1}/RT}} = \frac{A_2}{A_1} \mathrm{e}^{\frac{E_{a1} - E_{a2}}{RT}}$$

若仅考虑上式中 $\mathrm{e}^{\frac{E_{a1} - E_{a2}}{RT}}$，则 $\dfrac{k_2}{k_1} = 6.8 \times 10^7 \dfrac{A_2}{A_1}$

可见，加入催化剂后，反应速率可大大加快，而正、逆反应的活化能都以相同数值降低，因此正反应速率与逆反应速率增加的倍数相同，故不影响平衡。从热力学观点分析，根据 $\Delta_r G_m^\ominus = -RT \ln K^\ominus$，对一个化学反应，不论有无催化剂，因其初、终态相同，故 $\Delta_r G_m^\ominus$ 为定值，$K^\ominus$ 也不变，即不改变化学平衡。但使用催化剂可加速平衡的建立。

4. 　　　　　　$2N_2O_5(g) \rightleftharpoons 2NO_2(g) + 2NO_3(g)$ 　　　　　　　　（1）

$$NO_2(g) + NO_3(g) \longrightarrow NO(g) + O_2(g) + NO_2(g) \qquad （2）$$

$$NO(g) + NO_3(g) \rightleftharpoons 2NO_2(g) \qquad （3）$$

①+②+③得总反应方程式

$$2N_2O_5(g) \rightleftharpoons 4NO_2(g) + O_2(g)$$

②反应为慢步骤，化学反应的速率决定于②反应，故

$$v = kc_{NO_2} \cdot c_{NO_3} \qquad (a)$$

由①得

$$K_1^{\ominus} = \frac{(c_{NO_2})^2(c_{NO_3})^2}{(c_{N_2O_5})^2}$$

故

$$c_{NO_3} = (K_1^{\ominus})^{1/2}\frac{c_{N_2O_5}}{c_{NO_2}} \qquad (b)$$

式①的平衡浓度c_{NO_3}即为式②中的起始浓度，将式（b）代入式（a）

$$v = kc_{NO_2}(K_1^{\ominus})^{1/2}\frac{c_{N_2O_5}}{c_{NO_2}} = k'c_{N_2O_5}$$

所以速率方程式为$v = k'c_{N_2O_5}$。

5.（1）整个化学反应速率取决于最慢的一步反应，根据质量作用定律

$$v = k_3 c_{COCl} c_{Cl_2} \qquad (a)$$

当达到平衡时，反应①：$v_{正} = v_{逆}$，$\dfrac{c_{Cl_2}}{c_{Cl}^2} = \dfrac{k_{-1}}{k_1}$

$$c_{Cl} = \sqrt{\frac{k_1 c_{Cl_2}}{k_{-1}}} \qquad (b)$$

同理反应②为$\dfrac{c_{Cl}c_{CO}}{c_{COCl}} = \dfrac{k_{-2}}{k_2}$

$$c_{COCl} = \frac{k_2 c_{Cl} c_{CO}}{k_{-2}} \qquad (c)$$

将式（c）、式（b）代入式（a）中：

$$v = k_3\frac{k_2 c_{Cl} c_{CO}}{k_{-2}}c_{Cl_2} = k_3 k_2\frac{1}{k_{-2}}\sqrt{\frac{k_1 c_{Cl_2}}{k_{-1}}}c_{CO}c_{Cl_2} = k_3 k_2\frac{1}{k_{-2}}\left(\frac{k_1}{k_{-1}}\right)^{\frac{1}{2}}c_{CO}c_{Cl_2}^{\frac{3}{2}}$$

$$= k_3 k_2 (k_{-2})^{-1}(k_1)^{\frac{1}{2}}(k_{-1})^{-\frac{1}{2}}c_{CO}c_{Cl_2}^{\frac{3}{2}} = kc_{CO}c_{Cl_2}^{\frac{3}{2}}$$

故上述机理与速率方程式是一致的。

（2）由上推得：$k = k_3 k_2 (k_{-2})^{-1}(k_1)^{\frac{1}{2}}(k_{-1})^{-\frac{1}{2}} = \dfrac{k_3 k_2}{k_{-2}}\sqrt{\dfrac{k_1}{k_{-1}}}$。

四、计算题

1.（1）从①④⑤号的实验数据可知：$v \propto c_A$，从①②③号的实验数据可知：$v \propto c_B^2$，故反应速率方程为$v = kc_A c_B^2$；反应级数 = 3。

（2）将任一编号的实验数据（例如①号）代入速率方程求得 $0.05=k\times0.01^1\times0.01^0\times0.01^2$，解得 $k=50000$。

（3）$k=-\dfrac{v}{c_A c_B^2}=\dfrac{0.05}{0.01\times0.01^2}=5\times10^4(\text{L}^2\cdot\text{mol}^{-2}\cdot\text{s}^{-1})$，A、B 浓度均为 0.5mol·L^{-1} 时，

反应速率 $v=kc_A c_B^2=5\times10^4\times0.5\times0.5^2=6.25\times10^3(\text{mol}\cdot\text{L}^{-1}\cdot\text{s}^{-1})$。

2．由 $\ln\dfrac{k_2}{k_1}=\dfrac{E_a}{R}\left(\dfrac{T_2-T_1}{T_1 T_2}\right)$ 得

$$\ln\dfrac{k_2}{5.7\times10^{-5}}=\dfrac{110\times10^3}{8.3145}\times\left(\dfrac{283-298}{283\times298}\right)$$

$$k_2=5.42\times10^{-6}(\text{s}^{-1})$$

3．由已知条件可推知该反应为一级反应。

由一级反应的半衰期公式 $t_{1/2}=0.693/k$，可得 $k=0.693/t_{1/2}$

故 $\lg\dfrac{c_A}{c_{A0}}=\dfrac{-k}{2.303}t=-\dfrac{0.693t}{t_{1/2}\times2.303}$

将 $t=200\text{s}$ 代入上式得

$$\lg\dfrac{c_A}{c_{A0}}=\dfrac{-0.693\times200}{300\times2.303}=-0.2，\quad \dfrac{c_A}{c_{A0}}=0.630$$

转化率 $x=\left(1-\dfrac{c_A}{c_{A0}}\right)\times100\%=(1-0.630)\times100=37.0\%$

由计算可知一级反应的转化率与反应物的初始浓度无关，只与反应的速率常数 k 和反应时间 t 有关。

4．据阿伦尼乌斯方程 $k=Ae^{-\frac{E_a}{RT}}$ 得

$$\ln\dfrac{k_2}{k_1}=-\dfrac{E_a}{R}\left(\dfrac{1}{T_2}-\dfrac{1}{T_1}\right) \tag{1}$$

而

$$\dfrac{k_2}{k_1}=\dfrac{t_1}{t_2} \tag{2}$$

t_1、t_2 分别表示在 310K 和 285K 时牛奶变酸的时间

将式（2）代入式（1）得

$$\ln\dfrac{t_2}{t_1}=\dfrac{E_a}{R}\left(\dfrac{1}{T_2}-\dfrac{1}{T_1}\right)，\quad 故\ \ln\dfrac{4}{40}=-\dfrac{E_a}{8.3145}\left(\dfrac{1}{285}-\dfrac{1}{310}\right)$$

$$E_a=67.7(\text{kJ}\cdot\text{mol}^{-1})$$

所以牛奶变酸的反应活化能为 67.7kJ·mol^{-1}。

5．设 300s 时生成的 O$_2$ 的分压为 x。

$$2N_2O(g)\xlongequal{\quad\quad}2N_2(g)+O_2(g)$$

起始时压力/Pa 2.93×10^4 0   0

300s时压力/Pa $2.93 \times 10^4 - 2x$ $2x$ x

$p_{总} = 2.93 \times 10^4 - 2x + 2x + x = 2.93 \times 10^4 + x = 3.33 \times 10^4$

$x = 4.0 \times 10^3 (Pa)$

故 $p_{N_2O} = 2.93 \times 10^4 - 2 \times 4 \times 10^3 = 2.13 \times 10^4 (Pa)$

$$v_{N_2O} = \frac{-\Delta p_{N_2O}}{\Delta t} = \frac{2.93 \times 10^4 - 2.13 \times 10^4}{300 - 0} = 26.67 (Pa/s)$$

$$v_{O_2} = \frac{1}{2} v_{N_2O} = \frac{1}{2} \times 26.67 = 13.34 (Pa/s)$$

所以最初300s内 N_2O 的平均消失速率为 $26.67 Pa/s$，O_2 的平均生成速率为 $13.34 Pa/s$。

6. 由题意知开始阶段反应级数近似为 $\frac{3}{2}$ 级，

故速率方程式为

$$v = -\frac{dc_{C_2H_6}}{dt} = k(c_{C_2H_6})^{\frac{3}{2}}$$

对于气体 $pV = nRT$，$c = \frac{n}{V} = \frac{p}{RT}$

故起始分解速度

$$-\frac{dc_{C_2H_6}}{dt} = k\left(\frac{p}{RT}\right)^{\frac{3}{2}} = 1.33 \times \left(\frac{1.33 \times 10^4}{8.3145 \times 910}\right)^{\frac{3}{2}} = 3.1 (mol \cdot L^{-1} \cdot s^{-1})$$

本章符号说明	
符号	**意义**
U	内能
Q	反应热
W	功
ν_B	化学计量数
Q_V	恒容反应热
Q_p	恒压反应热
H	焓变
p	压力
V	体积
R	理想气体常数
T	热力学温度
$\Delta_r H_m^{\ominus}$	标准摩尔反应焓
$\Delta_f H_m^{\ominus}$	标准摩尔生成焓
$S_m^{\ominus}$	标准摩尔熵变
$\Delta_r S_m^{\ominus}$	标准摩尔反应熵

$\Delta_r G_m$	摩尔反应吉布斯函数变
$\Delta_r G_m^{\ominus}$	标准摩尔反应吉布斯函数变
$K^{\ominus}$	标准平衡常数
p_B^{eq}	平衡时参与反应物质压力
$p^{\ominus}$	热力学标准压力
$b^{\ominus}$	热力学标准浓度
E_a	活化能
v	反应速率
k	反应速率常数
A	指前因子

第4章

军用复合材料及化学武器

4.1 复合材料

4.1.1 材料基础知识

知识要点回顾

1）重要的基本概念

单体与链节；平均分子量与平均聚合度；线型结构与体型结构；柔顺性；加聚与缩聚；玻璃化转变温度 T_g。

2）主要基本定律和应用

高分子化合物的命名原则；高分子化合物的分子量；聚合度。

3）基本要求

（1）熟练掌握

① 了解高聚物的基本概念、命名和分类；

② 理解高聚物的特性（如弹性、塑性、机械性能、绝缘性及抗静电性、溶解性与保水性、化学稳定性与老化等）与其多重结构的关系。

（2）正确理解

高分子化合物的合成反应及改性、回收再利用的方法。

（3）一般了解

高分子合成设计等内容。

典型案例分析

表 4-1 是常见军用高性能有机纤维主要性能指标对比情况，如下所示。

表 4-1　常见军用高性能有机纤维主要性能指标对比情况

纤维	密度/ (g·cm⁻³)	拉伸强度/GPa	断裂伸长/%	极限氧指数/%
Nomex	1.38	0.59~0.86	20.0~45.0	29

纤维	密度/ (g·cm⁻³)	拉伸强度/GPa	断裂伸长/%	极限氧指数/%
Kevlar	1.44~1.47	2.90~3.00	2.4~3.6	29
UHMWPE	0.96~0.98	2.40~3.70	2.5~4.0	17
Zylon-AS	1.54	5.80	3.5	68
PBI	1.39~1.43	0.40	28.0~30.0	41
PI（联苯）	1.44	3.10	2.0	40
M5	1.70~1.74	3.96	1.4~1.5	59
M5 Conserv	1.70	8.50	2.5	59
M5 Goal	1.70	9.50	2.0~2.5	59

提高强化应用

一、单项选择题

1. 聚乙烯分子间的相互作用力主要是（   ）。

    A. 氢键　　　　　B. 静电力　　　　　C. 诱导力　　　　　D. 色散力

2. 下列聚合物的结构中属于二级结构的是（   ）。

    A. 构型　　　　　B. 构象　　　　　C. 支化　　　　　D. 晶态结构

3. 若只考虑头—尾键接方式，聚丁二烯可能存在的构型有（   ）。

    A. 2 种　　　　　B. 3 种　　　　　C. 4 种　　　　　D. 5 种

4. 下列因素中，使 T_g 降低的是（   ）。

    A. 增加分子量　　　　　　　　　B. 分子之间形成氢键

    C. 加入增塑剂　　　　　　　　　D. 交联

5. 下列结晶聚合物中熔点最高的是（   ）。

    A. 聚酰胺　　　　B. 聚氯乙烯　　　　C. 聚丙烯　　　　D. 聚酯

6. 在聚合物中加入增塑剂，会导致（   ）。

    A. 拉伸强度提高　　　　　　　　B. 模量提高

    C. 冲击强度提高　　　　　　　　D. 玻璃化温度升高

7. 聚甲基丙烯酸甲酯分子之间的相互作用不包括（   ）。

    A. 静电力　　　　B. 诱导力　　　　C. 色散力　　　　D. 电磁力

二、判断题

1. 实际高分子链可看作等效自由结合链。（   ）

2. 结晶使聚合物的光学透明性明显提高。（   ）

3. 在室温下，塑料的松弛时间比橡胶短。（   ）

4. 理想的柔性链运动单元为单键。（   ）

5. 只要聚合物的化学组成相同，它们的性能也必然相同。（   ）

6. 走进生产聚氯乙烯的车间，可闻到一股聚氯乙烯分子的刺激性气味。（   ）

7. 反式聚丁二烯通过单键旋转可变为顺式聚丁二烯。（   ）

8. 对橡胶制品而言，内耗（力学损耗）总是愈小愈好。（   ）

9. 聚合物的 T_g 的大小与测定方法无关，是一个不变的数值。（　　）

10. 结晶聚合物的熔点总是高于其黏流温度。（　　）

11. 随着聚合物结晶度增加，抗张强度和抗冲强度增加。（　　）

12. 分子间作用力强的聚合物，一般具有较高的强度和模量。（　　）

13. 聚合物的性能只与化学结构有关，与构型无关。（　　）

14. 尼龙可在常温下溶于甲酸，说明结晶聚合物可直接溶于极性溶剂中。（　　）

15. 玻璃化温度随分子量的增大而不断升高。（　　）

16. 高聚物溶解时体系熵降低，熔体冷却结晶时体系熵增加。（　　）

17. 聚乙烯醇溶于水中，纤维素与聚乙烯醇的极性结构相似，所以纤维素也能溶于水。（　　）

18. 因为天然橡胶分子量很大，加工困难，故加工前必须塑炼。（　　）

19. 作为超声速飞机座舱的材料——有机玻璃，必须经过双轴取向，改善其力学性能。（　　）

20. 玻璃化转变所对应的分子运动是整个高分子链的运动。（　　）

21. 分子链越柔软，内旋转越自由，链段越短。（　　）

22. 聚合物溶解过程是分子链与溶剂相互作用的过程。（　　）

23. 缩聚产物中结构单元的键接方式是确定的，为头尾键接。（　　）

24. 聚合物在橡胶态时，黏弹性表现最为明显。（　　）

25. 温度由低变高，材料的宏观断裂形式由脆性变为韧性；应变速度由慢变快，宏观断裂形式又由韧性变为脆性。（　　）

26. 由于单键的内旋转，可将大分子的无规状链旋转成折叠链或螺旋状链。（　　）

27. 聚氯乙烯是很好的绝缘性材料，它的介电系数不受温度和频率的影响。（　　）

28. 作为塑料，其使用温度都在玻璃化温度以下；作为轮胎用的橡胶，其使用温度都在玻璃化温度以上。（　　）

29. 高分子分子量越大，其结晶速度越快。（　　）

30. 汽车行驶时外力能够促进轮胎中的天然橡胶结晶，从而提高了轮胎的强度。（　　）

三、填空题

1. 高分子物理的核心问题是要解决聚合物的_____与_____之间的关系。

2. 制备高分子合金的方法有_____，_____。

3. 通常用于测定聚合物的分子量分布的GPC法，其中文名称为_____。

4. 用膜渗透压法可测定_____均分子量，用光散射法可测定_____均分子量，用黏度法可测定_____均分子量。

四、问答题

1. 试举出橡胶增韧塑料的一个实例，并试述橡胶增韧塑料的相结构特点和增韧机理。

2. 说明聚合物高弹性的主要特征。

3. 简述一种聚合物的分级实验方法。

4. 有两种不同的聚合物样品，一种是高密度聚乙烯，另一种是低密度聚乙烯，请设计两种不同的实验方法来鉴别这两种样品，并说明选择实验方法的依据、实验原理和实验方法。

5. 说明结晶温度对聚合物晶体的熔点的影响。

一、单项选择题

1．D 2．B 3．D 4．C 5．A 6．C 7．D

二、判断题

1．对 2．错 3．错 4．对 5．错 6．错 7．错 8．错 9．错 10．错 11．错 12．对 13．错 14．错 15．错 16．错 17．错 18．对 19．对 20．错 21．对 22．对 23．对 24．错 25．对 26．对 27．错 28．对 29．错 30．对

三、填空题

1．结构 性能

2．物理共混（包括机械共混、溶液浇铸共混等） 化学共混（包括溶液接枝、溶胀聚合等）

3．凝胶（渗透）色谱

4．数 重 黏

四、问答题

1．橡胶增韧塑料的一个典型例子是高抗冲聚苯乙烯。橡胶增韧塑料中，塑料为连续相，橡胶为分散相。当材料受到外界应力的时候，由于橡胶粒子的存在，应力场将不再是均匀的，橡胶粒子起应力集中体的作用。应力集中效应使得橡胶粒子周围，特别是其赤道线附近，产生大量的尺寸较小的银纹。如果生长着的银纹前锋处的应力低于临界值或银纹遇到另一橡胶粒子，银纹就会终止。也就是说，橡胶粒子对银纹有引发和控制作用。在增韧塑料中产生的是大量的、小尺寸的银纹，在拉伸或冲击过程中可以吸收大量的能量，从而提高了增韧塑料的韧性。

2．聚合物高弹性的主要特征有：弹性模量很小而形变量很大；具有热弹效应，即拉伸时放热，回缩时吸热，而且伸长时的热效应随伸长率而增加；聚合物的高弹形变具有明显的松弛特性，即形变的产生和恢复都需要时间。

3．在较高的温度下将聚合物溶解在某种合适的溶剂中，逐渐降温，使溶液分相，把凝液相逐一取出，得到若干个级分，先得到的级分平均分子量最大，以后依次降低。这一方法称为逐步降温分级法。

4．高密度聚乙烯就是线型聚乙烯，低密度聚乙烯即为支化聚乙烯。由于支化破坏了分子链的规整性，低密度聚乙烯的结晶能力下降，因此，高密度聚乙烯的结晶度较高，密度也较高，从而拉伸强度和模量也高于低密度聚乙烯。根据它们性能的不同，可以设计如下实验来进行鉴别：①拉伸实验。将两种样品制成同一尺寸的拉伸样条，在相同的实验条件下进行拉伸实验，测得各自的应力-应变曲线，根据应力-应变曲线计算两种样品的模量或拉伸强度。其中模量或拉伸强度较高的是高密度聚乙烯。②密度测定。分别用比重瓶测定两种样品的密度，其中密度较高的是高密度聚乙烯，密度较低的是低密度聚乙烯。③熔点测定。分别用差示扫描量热法（DSC）测定两种样品的熔点，其中熔点较高的是高密度聚乙烯，熔点较低的是低密度聚乙烯。

5．结晶温度越低，熔点越低而且熔限越宽；结晶温度越高，聚合物熔点越高，熔限越窄。

4.1.2 功能性材料

知识要点回顾

1）重要的基本概念

材料的化学稳定性与老化；溶解与溶胀；树脂与塑料；热固性与热塑性；顺式异构与反式异构。

2）主要基本定律和应用

高分子化合物结构与性能的关系；功能性材料的特点。

3）基本要求

（1）熟练掌握

① 理解高分子化合物结构与性能的关系，尤其是分子链和宏观性能的关系；

② 了解常见高聚物的基本结构与重要特性，熟悉其实际应用。

（2）正确理解

几种重要的功能性高分子材料（如防腐、防污等高分子材料）和新型、高性能复合材料的性能及其应用。

（3）一般了解

材料的未来发展与分子模拟等内容。

典型案例分析

表 4-2 描述了典型军用高性能有机纤维的具体情况，如下所示。

表 4-2　典型军用高性能有机纤维

纤维	结构特性	主要商品名	主要厂商
芳纶	至少 85%的酰胺键与两个苯环基团相连接的线性高分子	Nomex；Kevlar；Twaron	美国杜邦公司；日本帝人株式会社；四川辉腾科技股份有限公司；中国航天科工集团第六研究院
UHMWPE	分子量高于 150 万以上的聚乙烯	Dyneema；DC 系列	日本东洋纺公司；宁波大成新材料股份有限公司
PBO	芳杂环聚合物，分子在空间呈刚棒状，分子的取向度具有较高的一致性，分子链与分子链之间的空隙很小	Zylon 新纶	日本东洋纺公司；深圳市新纶科技股份有限公司
PBI	主链上含有苯并咪唑撑单元的芳香族聚合物	PBI Triguard PBI 耐高温纤维	塞拉尼斯公司；上海珀理玫化学科技有限公司
PI	主链上有酰亚胺环、芳香环等，分子链间刚性大，主链高度共轭	P84；Kernel-235AGF；甲纶 Suplon	奥地利 Lenzing 公司；法国 Phone-Poulenc 公司；江苏奥神新材料股份有限公司
M5	新型液晶芳杂环聚合物，二羟基苯环和二咪唑吡啶基构成重复单元，最弱的连接是苯环，而非 C—C 键	M5；M5 Conserv；M5 Goal	荷兰 Akzo Nobel 公司

一、单项选择题

1．聚合物分子间形成氢键，会使玻璃化温度（　　　）。

    A．显著下降   B．显著升高   C．保持不变   D．先升高后下降

2．下列结构不属于一级结构范畴的是（　　　）。

    A．化学组成   B．顺反异构

    C．头—尾键接   D．分子量

3．下列有关高分子结构的叙述不正确的是（　　　）。

    A．高分子是由许多结构单元组成的

    B．高分子链具有一定的内旋转自由度

    C．结晶性的高分子中不存在非晶态

    D．高分子是一系列同系物的混合物

二、判断题

1．非晶聚合物具有一个确定的玻璃化温度，而结晶聚合物则没有玻璃化温度。（　　　）

2．纤维素是柔性分子。（　　　）

3．小分子没有柔性。（　　　）

4．大分子链呈全反式锯齿形构象是最稳定的构象。（　　　）

三、填空题

1．高分子的近程结构又称为高分子链的＿＿＿＿＿＿，包括＿＿＿＿＿＿、＿＿＿＿＿＿、＿＿＿＿＿＿和＿＿＿＿＿＿。

2．高分子呈＿＿＿＿＿＿结构，高分子主链一般都有一定的＿＿＿＿＿＿，使高分子链具有＿＿＿＿＿＿。

四、问答题

1．试述升、降温速率对聚合物玻璃化转变温度的影响。

2．解释为什么高速行驶中的汽车内胎易爆破。

3．如果你听到棒球运动员抱怨说"湿天棒球变得又软又重，真不好打。"你觉得有没有科学道理？

4．两种单体 A、B 以等物质的量共聚，用图表示三种有代表性的共聚物。

5．以下化合物，哪些是天然高分子化合物？哪些是合成高分子化合物？

（1）蛋白质；（2）PVC；（3）酚醛树脂；（4）淀粉；（5）纤维素；（6）石墨；（7）尼龙-66；（8）PVAc；（9）丝；（10）PS；（11）维纶；（12）天然橡胶；（13）聚氯丁二烯；（14）纸浆；（15）环氧树脂。

提高强化应用参考答案

一、单项选择题

1．B 2．D 3．C

二、判断题

1．错　2．错　3．对　4．对

三、填空题

1．一级结构　化学组成　结构单元键接方式　构型　支化与交联
2．链状　内旋转自由度　柔性

四、问答题

1．答：升温（或降温）速率加快，测得的聚合物玻璃化转变温度向高温方向移动；反之，升温（或降温）速率减慢，测得的聚合物的玻璃化转变温度向低温方向移动。

2．答：汽车高速行驶时，作用力频率很高，玻璃化转变温度上升，从而使橡胶的玻璃化转变温度接近或高于室温。内胎处于玻璃态，自然易于爆破。

3．答：棒球由羊毛线缠成，羊毛是蛋白质纤维，由酰胺基团形成许多分子间氢键，这些强极性基团易于吸潮，所以湿度越高，羊毛线会变得越重。吸收的水分起了外加增塑剂的作用使羊毛变软，从而降低了棒球的回弹性。

4．答：—ABABABAB—，—AABABBBA—，—AAAA—BBBB—。

5．答：天然高分子化合物有（1）、（4）、（5）、（6）、（9）、（12）和（14）。合成高分子化合物有（2）、（3）、（7）、（8）、（10）、（11）、（13）和（15）。

4.1.3　涂料与涂装

知识要点回顾

1）重要的基本概念

涂料定义、组成、分类和命名；涂料的基本性质及检测方法；涂装工艺和技术；涂料与涂装的应用领域。

2）基本要求

（1）熟练掌握

① 了解涂料的基本组成和检测方法；

② 了解常用的涂装工艺；

③ 熟知常用涂料的应用领域。

④ 掌握几种重要涂料的性能及其应用。

（2）正确理解

涂料的常见涂装方法和缺陷。

（3）一般了解

涂料发展与未来应用趋势等内容。

典型案例分析

船舶漆具体分类情况如表 4-3 所示。

表 4-3 船舶漆分类情况

分类			涂料类型
车间底漆			（1）磷化底漆（聚乙烯醇缩丁醛树脂） （2）环氧富锌底漆 （3）环氧铁红底漆 （4）无机硅酸锌底漆
水线以下涂料	船底防锈漆		（1）沥青船底防锈漆 （2）氯化橡胶类船底防锈漆 （3）乙烯树脂类船底防锈漆（氯醋三元共聚树脂） （4）环氧沥青船底防锈漆
	船底防污漆		（1）溶解型（沥青、松香、氧化亚铜） （2）接触型（氯化橡胶、乙烯树脂、丙烯酸树脂与氧化亚铜） （3）扩散型（氯化橡胶、乙烯树脂、丙烯酸树脂与松香、有机锡） （4）自抛光型（有机锡高聚物或无锡高聚物）
水线以上涂料	船用防锈漆		（1）红丹防锈漆（油基、醇酸树脂、酚醛树脂、环氧酯） （2）铁红防锈漆（醇酸树脂、酚醛树脂、环氧酯） （3）云铁防锈漆（醇酸树脂、酚醛树脂、环氧酯、环氧酯） （4）铬酸盐防锈漆（油基、醇酸树脂、酚醛树脂、环氧酯）
	水线漆		（1）酚醛水线漆 （2）氯化橡胶水线漆 （3）丙烯酸树脂水线漆 （4）环氧水线漆 （5）乙烯基树脂水线漆 （6）水线防污漆（接触型、扩散型、自抛光型）
	船壳漆		（1）醇酸船壳漆 （2）氯化橡胶船壳漆 （3）丙烯酸树脂船壳漆 （4）聚酯树脂船壳漆 （5）乙烯基树脂船壳漆 （6）环氧树脂船壳漆
	甲板漆		（1）醇酸、酚醛甲板漆 （2）氯化橡胶甲板漆 （3）环氧甲板漆 （4）甲板防滑漆
	货舱漆		（1）银舱漆（油基、醇酸树脂与铝粉） （2）氯化橡胶货舱漆 （3）环氧货舱漆 （4）环氧沥青
	舱室面漆		（1）油基调和漆 （2）醇酸磁漆
液舱涂料	压载水舱涂料		（1）沥青漆 （2）环氧沥青漆
	饮水舱涂料		（1）漆酚树脂漆 （2）纯环氧树脂漆
	油舱漆		（1）石油树脂漆 （2）环氧沥青漆 （3）环氧树脂漆 （4）聚氨酯树脂漆 （5）无机锌涂料
其他涂料			耐热漆、耐酸漆、阻尼涂料、屏蔽涂料等

提高强化应用

一、填空题

1. 涂装是由_____、_____、_____三个基本工序组成。

2. 涂料主要由_____、_____、_____和_____四个部分组成。

3. _____颜料（填"有"或"无"）的涂料是黏性透明流体，称为_____；_____颜料的涂料称为_____。

4. 涂料中应用的化学反应主要是_____反应、_____反应、_____反应、_____反应、环氧—胺反应、甲醛缩合反应六大类。

5. 不饱和聚酯涂料通常由_____、_____、_____、_____四种组分构成。

二、判断题

1. 涂料的主要作用是装饰和保护。（　　　）

2. 主要成膜物质既可以单独形成漆膜，又可以黏结颜料颗粒等成膜，是构成涂料的辅助物质。（　　　）

3. 颜料主要目的是赋予涂料颜色和遮盖力，也就是使漆膜有要求的色彩和不透明。（　　　）

4. 助剂用于显著改善涂料生产加工、存储、涂布、成膜过程中的性能。（　　　）

5. 环氧漆通常使用的是热固性酚醛环氧树脂；聚氨酯漆主要有双组分型和固化型。（　　　）

三、问答题

1. 涂装和涂料的定义是什么？涂料涂装的目的是什么？涂料的主要作用是什么？

2. 涂料由哪几部分组成？各起什么作用？

3. 常见的挥发性涂料有哪几类？各有什么特色？涂料中常用的卤化物有哪几类？

4. 热固性丙烯酸涂料有什么主要特性？

5. 涂料为什么有许多应用状态，如双组分涂料、单组分涂料、辐射固化涂料、粉末涂料等？

6. 颜料的主要作用是什么？颜料的加入会对涂层性能及工艺造成什么影响？

7. 涂料的颜料体积浓度（PVC）是怎样影响涂料的性能的？

8. 测量硬度、冲击强度、柔韧性、附着力应用的那些指标分别代表涂料的哪方面性能？它们测试的结果分别能说明什么问题？

9. 复合涂层中的底、中、面涂层各起什么作用？对它们的性能各有什么要求？

10. 影响漆膜附着力的主要因素有哪些？据此分析对底漆的要求。提高层间结合力的措施有哪些？

提高强化应用参考答案

一、填空题

1. 漆前表面处理　涂料涂布　涂料干燥

2．成膜物质　颜料　溶剂　助剂

3．没有　清漆　有　色漆

4．酯化　氨基树脂与羟基的　自由基聚合　异氰酸根与羟基的

5．不饱和聚酯树脂溶液　促进剂　引发剂　石蜡苯乙烯溶液

二、判断题

1．对　2．错　3．对　4．对　5．错

三、问答题

1．答：涂料是一类流体状态或粉末状态的物质，把它涂布于物体表面上，经过自然或人工的方法干燥固化形成一层薄膜，均匀地覆盖和良好地附着在物体表面上，具有防护和装饰的作用。

涂装是指将涂料涂布到清洁的被涂表面上经过干燥形成漆膜的工艺，由漆前表面处理、涂料涂布、涂料干燥三个基本工序组成。

目的：①被涂物的表面预处理。其目的是为底材和漆膜的黏结创造一个良好的条件，同时还能提高和改善漆膜的性能。②涂布。用不同的方法、工具和设备将涂料均匀地涂覆在被涂物件表面。③漆膜干燥。将涂在被涂物件表面的湿涂膜固化成为连接的干涂膜。

涂料的主要作用：装饰作用、保护作用、标志作用、特殊作用。

2．答：①主要成膜物质：涂料要成为黏附于物体表面的薄膜，须有黏结剂，黏结剂就是涂料的主要成膜物质。

②颜料：颜料的主要目的是赋予涂料颜色和遮盖力，也就是使漆膜有颜色和不透明。颜料还具有提高涂料力学性能、改善涂料流变性、增强涂料的防锈保护效果、降低涂料成本的功能。还有某些特定功能如防腐蚀、导电、阻燃等。

③溶剂：溶剂是用来溶解或分散主要成膜物质使它成为流体的。

④助剂：主要用于显著改善涂料生产加工、存储、涂布、成膜过程中某些方面性能。

3．答：①纤维素聚合物：工业上纤维素主要来源是木材和棉花。纤维素本身不溶解于水和有机溶剂中，但经过各种化学处理后取得的衍生物能在一定的溶剂中溶解，并在工业上得到广泛应用。

②卤化聚合物：卤化聚合物的透水性低，可用于防腐蚀面漆，有的在聚烯烃塑料中有足够的可溶性，使它们能用于聚烯烃塑料表面，为面漆提供附着力。

③热塑性丙烯酸酯：平均分子量高的热塑性丙烯酸树脂保光性好，耐大气老化性能十分优越。

卤化物种类：（1）溶液型热塑性氯化聚合物；（2）聚氯乙烯塑溶胶；（3）氟化聚合物。

4．答：热固性丙烯酸树脂可以提高涂料的不挥发物含量，涂料施工后在固化过程中发生交联，除了有较高的固含量外，还有更好的光泽和外观，更好的抗化学、抗溶剂、抗碱及抗热性能；缺点是不能长时间贮存。

5．答：根据涂料对高分子的特殊要求，通过从涂料的应用机制进行探讨，一方面可以理解涂料为什么有多种形态，另一方面也可以拓展我们的思路，即根据这些原理，能否把碰到的新的化学反应或化合物应用于涂料中。

6．答：①颜料的主要作用是使涂料具有着色、遮盖、保护等基本功能。②原因：

在实际应用中，往往因为所用漆基和颜料的特性、色漆制造工艺的影响，以及加入分散助剂的作用，使比体积浓度的参考作用受到干扰。颜料的附聚导致堆积不紧密，因而临界颜料体积浓度（CPVC）值较低，还会导致漆膜的性能尤其是抗腐蚀性能明显下降。

7. 答：PVC与漆膜的性能有很大的关系，如遮盖力、光泽、透过性、强度等。当PVC增加时，漆膜的光泽下降。当PVC达到CPVC时，各种性能都有一个转折点，比体积浓度 $\Delta=1$，高分子树脂恰好填满颜料紧密堆积所形成的空隙。若颜料体积浓度继续增加（$\Delta>1$），漆膜内就开始出现空隙，这时高分子树脂的量太少，部分颜料颗粒没有被粘住，漆膜的透过性大大增加，因此防腐蚀性能明显下降，防污能力也变差。但是由于漆膜里有了空气，增加了光的漫散射，使漆膜光泽下降，遮盖力迅速增加，着色力也增加，然而，和漆膜强度有关的力学性能以及附着力会明显下降。

8. 答：①硬度：硬度可以理解为作用于其表面上的另一个硬度较大的物体所表现出的阻力。这种作用通常采用压陷、擦划、碰撞的方式。测定方法也相应分为压痕硬度法、划痕硬度法、摆杆阻尼硬度法。这三种方式表达涂膜不同类型的阻力，各代表不同的应力-应变关系。

②冲击强度：冲击试验是漆膜承受快速形变而不开裂的能力，一个重物沿导管坠落到置于样板上的半球压头上，使样板变形；冲击强度表现了漆膜的柔韧性和对底材的附着力。

③柔韧性：当漆膜受到外力作用而弯曲时，弹性、塑性和附着力等综合性能称为柔韧性。漆膜的柔韧性由涂料的组成所决定，与检测时涂层变形的时间和速度有关。耐冲击性和后成型性也是柔韧性的一种。

④附着力：评估附着力的常用方法是测试用铅笔刀将涂层从底板上刮开的难易程度。划痕硬度、冲击强度、柔韧性等试验可以间接地表现出漆膜的附着力。

9. 答：为了满足对涂层性能的要求，一般采用底漆、中间层及面漆等组成的复合涂层，但复合涂层之间配套要合理，否则，会产生漆层脱落、起泡、咬底等弊端。

底漆层漆膜很软，面漆层脆硬，这样的复合涂层会由于气温变化等因素产生龟裂。

溶剂根据溶解能力由弱至强可排列为：脂肪烃→芳香烃→醇→酯→酮→醇醚。同类溶剂的涂料可以相互配套。底漆用强溶解能力溶剂涂料，面漆用弱溶解能力溶剂涂料，这种配套不会出现"咬底"现象。但是底漆、面漆所用溶剂的溶解能力强弱不能反差太大，否则底面漆层之间容易结合不牢。

挥发性涂料溶剂的溶解能力很强，易溶解油基涂料的漆膜。在油基涂层上面不宜喷涂挥发性漆类，否则容易出现"咬底"现象，而且这种涂层由于底软面硬，日久面漆层容易发生龟裂。铁红酯胶底漆、各种红丹防锈漆都不宜与烘烤和强挥发性溶剂面漆配套使用。铁红环氧酯底漆干透后与大部分面漆可配套，但实际施工中往往会因干燥不彻底，喷涂强挥发性溶剂的面漆出现"咬底"现象。

10. 答：影响因素：温度、粗糙度、涂料渗透。

对底漆的要求：漆料黏度低、溶剂挥发慢、交联效率较低。

提高层间结合力的措施：使被涂表面达到平整洁净，即无油、无水、无锈蚀、无尘土等污物；赋予合适的表面粗糙度；增强涂层与被涂表面的作用。

4.2 化学武器

📖 知识要点回顾

1）重要的基本概念

化学武器的概念及特点，化学毒剂的分类、性能和中毒症状；化学毒剂的检测与防护；其他化学武器的防护手段。

2）基本要求

（1）熟练掌握

化学武器概念及其区别于常规武器的杀伤特点；化学毒剂的种类、性能及中毒症状；通过对某些毒剂性能及中毒症状的了解，学会化学武器防护的基本方法。

（2）正确理解

化学武器袭击征候。

（3）一般了解

消毒要领、急救措施及注意事项等内容。

📚 典型案例分析

典型的化学武器（毒剂）具体情况见表4-4。化学武器的不同分类方式见表4-5。

表4-4　典型的化学武器（毒剂）

名称	特征	中毒表现
沙林	易挥发、无色无味	头疼、流涎、流泪、肌肉麻痹等
VX	有机磷化合物，无臭无味的油状液体，呈微黄色	流涎、瞳孔收缩、胸闷、窒息等
芥子气	腐烂芥末、大蒜和洋葱气味	皮肤红肿溃疡、流泪、暂时失明、咯血、腹痛、呕吐等
氯气	黄绿色气体，有强烈的漂白剂气味	呼吸障碍、窒息等
光气	无色气体，有烂干草和烂水果味，呈黄色或淡黄色，易蒸发，易被多孔物质吸附	呼吸器官损害、窒息、胸闷、咽干、咳嗽、头晕、恶心、呼吸困难、头痛、皮肤青紫等

表4-5　化学武器的不同分类方式

分类方式	毒剂具体分类					
持续时间	暂时性	持久性	半持久性			
毒理作用	神经性	糜烂性	全身中毒性	窒息性	失能性	刺激性
战术用途	杀伤性	牵制性	失能性	扰乱性		
特异性毒害作用	非特异性	特异性	低特异性	间接特异性		
分散方式和战斗状态	爆炸型	热分散型	布洒型			

提高强化应用

一、单项选择题

1. 化学武器的主要杀伤方式是（　　）。

　　A. 物理冲击　　　B. 爆炸　　　　C. 化学中毒　　　D. 辐射

2. 以下物质不属于化学战剂的是（　　）。

　　A. 芥子气　　　B. 沙林　　　C. 氯气　　　D. 氰化物

3. 个人防护装备中，用于过滤空气的装备是（　　）。

　　A. 防毒面具　　　　　　　　B. 防毒衣

　　C. 防毒手套　　　　　　　　D. 防毒靴

4. 化学战剂的检测方法中，可以快速定性检测的是（　　）。

　　A. 色谱分析　　　　　　　　B. 质谱分析

　　C. 纸色谱　　　　　　　　　D. 光谱分析

5. 以下情况需要立即进行洗消处理的是（　　）。

　　A. 皮肤接触低浓度化学战剂　　B. 吸入少量化学战剂

　　C. 眼睛接触到化学战剂　　　　D. 饮用了受污染的水

二、判断题

1. 所有化学战剂都可以通过皮肤接触造成中毒。（　　）

2. 化学战剂的洗消是防止化学武器伤害的重要手段。（　　）

三、填空题

1. 化学武器的防护措施包括_____、_____、_____、_____。

2. 化学战剂的分类有_____、_____、_____、_____。

3. 防化兵在战场上的主要任务包括_____、_____、_____。

四、问答题

1. 简述防化兵在战场中的作用。

2. 描述化学战剂洗消的一般步骤。

3. 假设你是一名防化兵，你的部队在一次军事行动中遭遇了化学战剂攻击，请描述你的应对措施。

提高强化应用参考答案

一、单项选择题

1. C　2. C　3. A　4. C　5. C

二、判断题

1. 错　2. 对

三、填空题

1. 建立防护屏障　穿戴个人防护装备　进行化学战剂洗消　撤离污染区域

2. 神经性毒剂　糜烂性毒剂　窒息性毒剂　刺激性毒剂

3．化学战剂的检测与识别　污染区域的洗消　个人和集体防护

四、问答题

1．防化兵在战场中主要负责化学战剂的检测、识别、防护与洗消工作，确保部队在化学威胁下的安全和作战能力。

2．化学战剂洗消一般包括：确定污染区域和程度、选择合适的洗消剂、进行物理洗消（如用水冲洗）、化学中和以及后续的监测和评估。

3．首先，我会迅速穿戴个人防护装备，包括防毒面具和防毒衣。然后，使用便携式化学探测器对周围环境进行检测，以确定化学战剂的种类和浓度。根据检测结果，我会指导部队撤离到安全区域，并使用洗消设备对污染区域进行洗消处理。同时，我会记录污染情况和洗消效果，为后续的行动提供参考。

本章符号说明	
符号	意义
T_g	玻璃化转变温度

参考文献

[1] 刘玮，周为群. 大学化学学习指导 [M]. 北京：化学工业出版社，2020.

[2] 黄如丹，贺欢，迟瑛楠. 新大学化学学习导引 [M]. 3 版. 北京：化学工业出版社，2018.

[3] 菅文平，刘松艳，詹从红，等. 大学化学学习笔记与解题指导 [M]. 北京：化学工业出版社，2022.

[4] 邱海霞. 大学化学习题解答 [M]. 北京：高等教育出版社，2014.

[5] 李雪华，陈朝军. 基础化学学习指导与习题集 [M]. 北京：人民卫生出版社，2019.

[6] 解从霞，许泳吉，高洪涛，等. 基础化学教程习题解析 [M]. 北京：科学出版社，2021.

[7] 李银环，张雯. 大学化学学习指导与例题解析 [M]. 北京：科学出版社，2018.

[8] 贾临芳，刘勇洲. 普通化学学习指导 [M]. 北京：中国林业出版社，2020.

[9] 王兵威，董景然. 基础化学学习指导 [M]. 南京：东南大学出版社，2023.

[10] 吴俊森，许文，王琦. 普通化学学习指导与习题解析 [M]. 北京：化学工业出版社，2023.

[11] 桑希勤，关淑霞. 普通化学知识要点与习题解析 [M]. 哈尔滨：哈尔滨工程大学出版社，2008.

参考文献

[1] 赵鑫, 等. 大规模语言模型 [M]. 北京: 化学工业出版社, 2020.

[2] 诸葛越, 等. 百面机器学习 [M]. 北京: 人民邮电出版社, 2018.

[3] 周志华. 机器学习 [M]. 北京: 清华大学出版社, 2016.

[4] ......

[5] ......

[6] ......

[7] ......

[8] ......

[9] ......

[10] ......

[11] ......